U1017928

别让不好意思害了你

断舍离 著

DON'T
BE
SHY

花山文艺出版社

目 录
Contents

导　言 / 1

01 —— 别太把自己当回事

不砍价，真的更显身份？ / 001
不“衣锦”就不“还乡”？这是病 / 004
“好马不吃回头草”是假智慧 / 007
“大男子主义”害死人 / 011
工作是为了谋生，“体面”能当饭吃吗 / 016

02 —— 你并不像自己想的那样受人关注

“把自己当泥土吧” / 020
你不可能让所有人都喜欢你 / 022
出丑没什么好怕的 / 026
爱的表达，永远不算出丑 / 029

03 — 婚丧嫁娶中的面子问题

爱情，不是秀给别人看的 / 032
“剩男剩女”的为难之处 / 035
从婚礼看中国人的“排场” / 038
变形的“彩礼”：不为幸福为面子 / 040
礼物是表达感情，还是炫耀价格？ / 043
“活着不孝，死了乱叫” / 046

04 — 攀比真能带来快乐吗？

你花钱，是给别人看的吗？ / 049
别把房子当面子 / 051
奢侈品并不能让你“高大上” / 055
当孩子也成了攀比的工具 / 059
不要总与人争高下 / 062
如果朋友过得比你好 / 065

05 — 该暴露的终究会暴露

贫穷是掩饰不住的 / 069

参加同学聚会不用装相 / 073

“有面子”和“不要脸” / 081

不要不懂装懂 / 084

06 — 是真朋友，就不怕“得罪”

感情深浅，与喝酒没关系 / 087

不想参加的应酬，不必勉强自己 / 089

不要冲着情面给人做担保 / 092

有话直说，才能有效沟通 / 095

请客吃饭别总“不差钱” / 097

07 — 面子与原则，哪个更重要？

讲义气要分是非 / 102

人情债怎么还？ / 105

“难得是诤友，当面敢批评” / 108

照顾情面不能忘了原则 / 110

08 — 拒绝，是一种基本的生存能力

不要成全了别人，委屈了自己 / 114
无能的“老好人” / 117
不喜欢就拒绝，别模棱两可 / 121
你有权拒绝透露自己的隐私 / 123
该拒绝时，要坚决说“不” / 125

09 — 亲兄弟明算账

熟人之间也需言利 / 128
车和老婆概不外借 / 132
亲归亲，财归财 / 135

10 — 莫被人情绑架

不惯别人的臭毛病 / 139
捐款与爱心画等号吗？ / 142
要孝顺，但不能愚孝 / 144
不帮忙转发就是不够朋友？ / 148

11 — 别不好意思求助

谁都有需要帮助的时候 / 152
求人办事，脸皮别太薄 / 155
不懂就问，这没什么丢人的 / 158

12 — 别人不给面子又何妨

谁都有被人怠慢的时候 / 162
迎着别人的嘲笑前进 / 165
如果有人拿你的短处开玩笑 / 167
忍一时之气，并不会丢掉尊严 / 169
不要为了合群而委屈自己 / 172

13 — 你并不比别人差

“死乞白赖”才能抓住机会 / 176
不要因为出身不好而难为情 / 179
“学渣”也有机会逆袭 / 183
你丑得没脸见人吗？ / 185
不要轻易降低自己的定位 / 188

14 —— 要有直面问题的勇气

被人批评很正常 / 192
推翻自己以前说的话不丢脸 / 196
护短真的有效吗? / 199
认错不丢人 / 202

15 —— 别为了面子死磕

别上“激将法”的当 / 206
放弃无谓的争论，去做有价值的事 / 209
面子不是靠争论赢来的 / 212
该妥协时就妥协 / 215
别总端着师长的架子 / 218
放低姿态，会赢得更多尊重 / 221
别吝啬赞美之词 / 224

>> 导　言

“不好意思”的本质，是不敢做真实的自己

绝大多数人，都会因为“不好意思”而做些不愿做、不该做的事。而且，越“不好意思”，越容易招惹麻烦，从而蒙受更大损失。可以说，“不好意思”是一种病，害人不浅。

犯病的方式很多。比如，逛街时路过护肤品专柜，售货员小姐热情邀请你体验试用装，在试用过程中，对方跟你大谈美容护肤常识，借机推销产品，你一时磨不开面子，就硬着头皮买了，结果回家以后，发现那些东西又贵又不实用。比如，朋友约你出去玩儿或者吃饭，到了结账的时候，朋友没反应，虽然你还远没到“不差钱”的程度，但还是去把账结了，免得两人大眼瞪小眼，尴尬；一来二去，朋友养成了习惯，每次出去，结账的都是你。又比如，有人找你帮忙，你并没有门路，但又不好意思拒绝，只好勉为其难答应下来，结果帮了第一次，就有第二次、第三次，久而久之，你受到的影响越来越大，你想拒绝，可那个“不”字就是说不出口……

患有“不好意思”病的人，一边抱怨“人善被人欺”，一边继续忍受别人的“欺负”。可是，善良人不应该“好心有好报”吗？为什么会继续受欺负呢？如果是这样，谁还愿意当好人、做好事呢？

其实，“不好意思”带来的“善良”，并不是真正的善良。真正的善良，必须出于自愿。如果勉强自己去做一件貌似善良的事，事后又觉得自己吃了亏，并因此愤愤不平、苦恼不已，很显然，这并不是善良，而是软弱。

不要再把“不好意思”当善良了，它是病，得治。要学会说“不”，要勇于拒绝自己不愿做、不该做的事情，这样才能腾出时间做自己该做的事，把握好自己的人生航向，做真正的自己，实现自己的价值。

从本质上说，“不好意思”是不敢直面真相。既不敢直面不够完美的自己，也不敢直面咄咄逼人的社会，包括各种陈规陋俗、亲朋好友的并不恰当的期望，以及某些人不乏恶意的挤兑。总是“不好意思”的人，容易产生一种错觉，似乎按别人的意图去做，一切问题就会得以解决。事实恰好相反，旧的问题并未解决，新的问题已经出现。

维护自尊心是每个人的正常需求，人不能没有自尊心，但是，自尊心的含义并不是迎合别人、放弃自己。在现实生活中，有太多的人把自尊心误解为“有面子”。什么是“有面子”呢？就是要符合别人的期待，而自己的真实需求却被压制了。

好面子的人，容易走两种极端。

走第一种极端的人往往“脸皮特别薄”，他们不愿直视自己不够优秀的事实，觉得向任何人求助都有伤自尊，任何人的一点儿拒绝在他看来都意味着屈辱。这种人不积极，不善于主动争取机会，承压能力弱，因而会绕很多弯路，很难成功。

走另一种极端的人往往好胜心很强，贪慕虚荣，他们总想和别人比，比穿戴、比房子、比老公、比孩子……一旦比不过别人，他们觉得没面子，抬不起头。

出于维护自尊的需要，走这两种极端的人很容易做出“死要面子活受罪”“打肿脸充胖子”的事，人前要脸面，背地里却懊悔不已，本就不够优越的生活更加捉襟见肘。

人要为自己活着。不要总是揣摩别人的想法，照顾别人的情绪，因为不管你怎么做，都不可能让所有人满意。不要顾虑自己在别人眼里是什么样的，很多时候，我们并没有自己想的那样受人关注，在一些无关紧要的小事上，别人夸你还是笑你，都不要太在意，说不定人家转眼就忘了，你又何必放在心上呢？生活终究是自己的，人生在世，不是应当追求自由自在、幸福快乐吗？为什么要让自己活得那么别扭、那么累呢？

人生短暂，我们要敢于直面一切，既坦然承认不完美的自己，又勇敢面对咄咄逼人的社会。唯有如此，我们才能集中精力充实自己、提高自己，一步步向成功靠近。

01 >> 别太把自己当回事

◎ 不砍价，真的更显身份？

很多人在买东西的时候，明知道可以砍价，但就是不好意思砍，为什么呢？一部分原因是，自己对商品很中意，卖家又不断恭维，或者拼命哭穷，买家觉得讨价还价有失身份，只好匆匆成交。

著名演员王刚除了戏演得好，对收藏也颇有心得。平时没事，他喜欢去潘家园“淘宝”，由于他是公众人物，所以到摊上逛的时候，人家很快就能认出他来。

只要他开口砍价，对方就会调侃他：“王先生，和大人，您那么有钱，怎么还在乎这点儿钱呢？”

只要一开口杀价，他就特别没面子，由于店主们都认识他，他就这样被“杀熟”了。买下东西之后，才发现自己花的价钱比其他客人都高。

在一次电视节目中，王刚谈起那些“淘宝”的经历时，一脸哭笑不得地跟观众们说：“名气这东西往往给人一种错觉，大家觉得，这人有名，那肯定也有钱，其实不是那么回事，在座的各位大多数人都比我有钱，在下就是有点儿虚的名声，兜里的钱远不及在座的各位多呀！”

其实，王刚砍价不砍价，都不会影响他的身份，一个小小的买卖行为，能影响什么呢？而就这个小小的买卖而言，王刚作为买家，不砍价，却是实实在在地吃了亏。卖家不但不会因此觉得王刚更有身份，反而可能内心窃喜，暗想王刚真是个棒槌。

买家永远没有卖家精明，赔本的生意没人会做。如果因为对方恭维你，跟你哭穷，你就中了计，那只能是多花冤枉钱。要想省钱，就得拉下脸来砍价。能砍就砍，砍下来多少是多少。

不好意思砍价的另一个原因是虚荣心作怪。爱面子的人往往都羡慕那种一掷千金、挥金如土的派头，每当自己装潇洒的时候，看着卖家对自己俯首帖耳、点头哈腰，虚荣心就得到了满足，以为自己多花点儿钱，就买来了面子。

大伟在买东西的时候有个毛病，从不砍价。每次看到有钱人买东西的时候，大伟心里就暗暗羡慕，人家把手一挥，潇洒地说：“不用找了！”他觉得，那才叫风度，那才是绅士。

正因如此，他买东西的时候也总装出一副财大气粗的样子，问完价就掏钱，从不砍价。离开之后，他经常转脸就能瞥见店家露出窃喜和狡黠的微笑，虽然明知道这里面有许多的虚头，可他就是放不下面子去砍价。因为东西买贵了的事，他没少被妻子埋怨。

每次回想起店家的表情，他都觉得愤愤不平：我让你们多赚钱，你们不感谢我，还偷偷笑我，真是太没良心了！

虽然心里这样想，可他知道，怨不着别人，都是他自己死要面子。

大伟以为买东西时问完价就掏钱，会让人觉得自己财大气粗，可事实上呢？他多花冤枉钱要被妻子埋怨不说，恐怕连商贩们都当他是冤大头，偷偷取笑他呢。

面子是虚的，省钱才是硬道理。精明的人向来都是该省就省，能赚会花。

一家工厂进口了一套价值 300 万的现代化生产设备，由于原料与技术力量不够，搁置了几年，一直没有投入使用。朱厂长走马上任以后，打算把这套设备转卖掉，另一家厂子的武厂长正好看中了这套设备。

武厂长经济实力雄厚，但基本上都投入了再生产，要马上腾出资金添置设备，困难很大。

两人商谈价格时，朱厂长为了卖掉设备，便不停恭维武厂长。

武厂长对设备很满意，但要想拿下设备，只能砍价："是这样，我们厂目前的资金压力很大，我是有诚意一次性付清款子的，你如果同样有诚意的话，就给个实在的价格。"

朱厂长不愿降价，便有意激将："设备你也看了，完全是新的，它的价值你心里应该有数。听说武厂长年轻有为，生意做得有声有色，怎么可能为区区几百万犯难呢？莫非，真如外界传言说的，你们厂的生意红火，其实只是虚假繁荣？"

武厂长心里不快，但仍不动声色地回道："大家都是做生意的，谁还没有资金周转不开的时候？如果朱厂长看不起我们厂，不愿意让价，那我也就不便多说了。"武厂长说完这话，转身告辞了。

接下来的几天，两人一直僵持着，谁也没有采取主动。最终，朱厂长想搞活生产，但碍于手上没钱，只好主动让价 20 万。

讨价还价的过程其实就是一场博弈，卖家猜买家的心思，买家也要猜卖家的心思才行。精明的商家千方百计地揣摩顾客的心理，几乎把每一种顾客的心理都猜透了，很少有卖家把面子当回事的，因为他们的目的很明确，就是多赚钱。作为买家，也应当明确自己的目的才行，如果想买到既经济又实惠的商品，不妨也学学卖家，人家都能放下面子，你为什么不能呢？只要开口砍价，就有机会省下钱，这可比赚钱容易多了，不是吗？

◎ 不“衣锦”就不“还乡”？这是病

外出打拼能够出人头地，衣锦还乡自然风光无限。不过，一个人背井离乡，独自奋斗，想要成功谈何容易？于是，对许多功未成、名未就的人来说，回家这件事变得异常沉重，尤其是在过年的时候。

衣锦还乡的观念自古有之，这个典故出自《史记》。

项羽带兵杀进咸阳，杀掉秦王子婴，火烧阿房宫，还掠夺了无数金银财宝。有谋事借机向他进言，劝他在关中建都，成就霸业。项羽却说：“富贵不归故乡，如衣绣夜行，谁知之者！”意思是：如今我飞黄腾达了，如果不回老家去，就像大晚上穿着锦绣华服，没人看见一样，那有什么意思？

这就是成语“锦衣夜行”的由来，此后，人们逐渐有了衣锦还乡的说法。

在楚汉相争最为关键的时刻，项羽一心想着衣锦还乡，在江东父老面前展示自己的成功。他这一走，无疑给了刘邦一个大好的机会。后来，在垓下之战中，项羽中了韩信设下的十面埋伏之计，陷入四面楚歌的境地。于是，他带着手下将士躲避追兵，来到了乌江边。江边有条小船，船夫是乌江亭长，亭长劝项羽坐船过江，回江东重整旗鼓，东山再起。可项羽却说：“想当初，我带领八千江东将士一路杀进咸阳城，如今兵败，我有何面目见江东父老？”说罢，他拔出剑来，自刎于江边。

在春风得意时，项羽只想着回江东去向父老乡亲炫耀，满足自己的虚荣心；而在遭遇挫折时，他又不肯过江东去，争取卷土重来。因为太爱面子，他不仅失去了争夺天下的大好机会，最后连命都丢了，这样的人能算是英雄吗？

外出打拼为的是改善自己的生活，实现自己的理想，不是为了给别人看。过年回家走亲访友，按照习俗和礼数，多少得买点儿礼物，发发红包。手头宽裕的话，就多拿点儿，要是条件有限，量力而行就是了。可有些人偏偏死要面子，明明没多少钱，还硬要装阔。

池某和温某是同乡，两个人同在外地打工，他们的工资不多，每个月大概五六千元，除去生活费用基本所剩无几。临近春节，他们领完了薪水和奖金，准备一起回家。

池某花了一千多元钱，买了一些当地的特产，准备带回老家。可温某说：“大过年的，好不容易回家一次，就带这么点儿东西哪行呢？”池某说：“出来快一年了，一直没有积蓄，这次发了年终奖，终于能存点儿钱了。家里人都知道我的状况，不会挑理的，要是以后赚得多了，再多表示表示不就行了？”温某说：“自家人倒好说，关键是别人怎么看呢？大伙儿都知道咱们在大城市闯荡，不阔气点，人家背后不一定怎么议论呢！我可丢不起那人。”

就这样，温某花了3000多元钱，置办了一大堆年货。因为东西太多，坐车不方便，他干脆一狠心，又花了3000元钱租了一辆小轿车。正月里到各个亲戚家里拜年，光是发红包一项，他就用去了5000元。结果年后回城的时候，温某只剩下几百元钱了，但还有将近一个月才发工资，日子的艰难可想而知。

面子和虚荣虽然并不完全相同，但在很多情况下，它们的含义是一样的。“打肿脸充胖子”这句俗语既犀利又深刻，对面子、虚荣的讽刺和比喻可谓入木三分。温某和池某赚得不多，还是没积蓄的“月光族”，所以池某想存点儿钱，不买太多礼品，这样做很务实，也很理性。可温某明明能力不济，却贪图虚荣，非得打肿脸充胖子，买的东西不能比别人少，给红包时也不能落在别人后头。人前装阔，背后却要勒紧裤腰带过日子，这是何苦呢？

还有些人被称为“恐归族”，他们觉得自己混得不好，比不上别人，为了避免自尊心受伤，干脆连家都不回了。

“80后”小伙子刘某就是一个“恐归族”。他是湛江人，大学毕业以后在北京工作，还没女朋友。前些年过年回家，亲戚总问他：买房了吗？买车了吗？有对象了吗？怎么还不抓紧呢？

参加同学聚会时，大家聊起各自的近况，免不了互相攀比。上学时，他成绩不错，可北漂多年，至今还是没房、没车、没存款，而那些曾经不学无术的同学却混得风生水起，小有成就，相比之下，他心里特别不是滋味。从那以后，他就发誓，除非混出个样子来，否则再也不想回去了。

亲戚的询问都是出于关心，同学聚在一起聊聊各自的近况，这也是很正常的事，没必要拿自己和别人比较。每个人的情况都各不相同，很多事并没有可比性。再说，不管你比别人好还是比别人差，你的状况都不会因为比较而改变。

过年回家不为别的，是要看望父母亲人，一家团聚。父母等了那么长时间，不就是希望过年时一家人能坐在一起，吃顿团圆饭吗？如果你不回去，当除夕的鞭炮声响起，各家各户都是欢声笑语的，而你的父母却在为你牵肠挂肚，你忍心吗？这时候的你孤身在外，心里就真的轻松吗？许多父母都说，最希望看到的就是孩子平安健康，其他都是次要的。既然如此，何必非要“衣锦”才能还乡呢？

◎ “好马不吃回头草”是假智慧

中国人的谚语很多，其中有一句叫“好马不吃回头草”，大概意思是说，一群马在草原上吃草，那些一直向前边走边吃的马才是好马，反过来说，那些转过头去吃剩草的马，则多半是劣马。

不知从什么时候开始，这句话被很多人奉为准则。

在恋爱当中，有人因一时之气而与旧爱分了手，事后觉得很后悔，想与对方复合，但又怕人说自己吃回头草，没志气，于是便硬着头皮死撑。

小茹在大学时交了一个男朋友，两个人感情一直很好。大学毕业前，男孩告诉小茹，家里打算送他出国继续深造，他思来想去，觉得应该趁年轻多学点儿东西。小茹并不愿意让男孩走，可男孩去意已决。为了留住男孩，小茹只能以分手相威胁，想不到男孩居然真的答应分手。

两个人各自赌气，谁也不再理对方了。毕业以后，男孩真的出国了，小茹伤心了很久，始终放不下男孩。一年多后，她从同学口中得知男孩交了新的女朋友。小茹心灰意懒，虽然当初是自己提出分手的，但那并不是她的本意，她只是想挽留男孩，想不到他竟然这么快就变心了。从那以后，小茹试着忘记男孩，可无论她怎么努力，男孩在她心里就是挥之不去。

又过了两年，男孩回国了。在一次同学聚会中，小茹和男孩再次重逢。两个人各自谈起近况，听男孩说，他和后来的女朋友分手了，小茹听了以后心里有些激动。当男孩提出重归于好的请求时，小茹没有立即答应。后来，小茹找朋友倾诉苦恼，朋友说："当初，他不顾你万般挽留，头也不回就走了，多绝情！没过多久，他就交了新女朋友，这么容易移情别恋的男人，能靠得住吗？别忘了，好马不吃回头草，你又不是找不到男朋友，干吗非得在他那一棵树上吊死？告诉你啊，要是你跟他和好，我可看不起你。"小茹心里本来就很矛盾，听朋友说了这些话，她终于做出决定，回绝了男孩。在那之后，小茹试着认识其他男孩，但没有一个人让她动心。一晃几年过去，小茹快 30 岁了。一天，她收到了男孩的喜帖，那一刻，她终于意识到自己错过了最爱的人，止不住泪如雨下。

选择爱人事关一生幸福，在应不应该与旧爱复合的问题上，需要考虑的东西很多，但唯一没必要考虑的就是面子问题。爱情如人饮水，冷暖自知，如果觉得对方不适合自己，不想复合，那么拿"好马不吃回头草"来鼓励自己一下也无妨；要是放不下对方，也别让这句话成为困住自己的魔咒。

在工作方面遇到类似的问题时，也是同样的道理。

高先生在一家经营特殊制品材料的公司工作，任销售部经理。由于他所从事的行业比较冷门，专业人才很少，而高先生本人既是学的相关专业，又有丰富的市场销售经验，所以经常有猎头公司私下找他，提出的条件非常诱人。一开始，高先生对自己的职位和薪水都比较满意，和老板又有私人交情，所以就没有动心。可是后来，有一家同行业的公司找到了高先生，许给他的薪水是原来公司的两倍。高先生心想，工作嘛，无非就是干活，在哪儿还不都是一样，既然薪水比现在高了整整一倍，何不往上走一步呢？人往高处走嘛。于是，他跳槽到新公司去了。

起初，高先生以为在哪儿干活都一样，但到了新公司才发现，事情没有他想的那么简单。新公司人事关系比原来复杂得多，虽然薪水是高了一倍，但每天都过得异常辛苦。有些员工特别会讨上级欢心，仗着资历老，拿着高工资，却偷懒耍滑不干活。高先生工作勤恳，可到公司快一年了，还是处处被那些偷懒的老员工压在头上。在以前的公司，他和领导同事相处得都特别愉快，从没有钩心斗角、尔虞我诈的事情发生，想到这些，他不免有些后悔。

有一次，高先生在跑业务的时候遇到了以前的老板，老板问起高先生的近况，高先生没有隐瞒，把心里的苦恼全都说了出来，原来的老板说了许多安慰和鼓励的话，两人道别了。几天以后，原来的老板给高先生打电话，说公司有个经理因故离职了，问高先生愿不愿意回去做经理。高先生心想，当初自己为了追求高薪而跳槽，现在过得不如意，哪有脸回去呢？于是拒绝了。第二天，原来的老板约高先生见面，对他说："小高，以前你离开公司是为了更好的前途，这是人之常情，于公于私，我都应该替你感到高兴，按理说，我不应该劝你回去，可是，前几天听说你的境况不太如意，而我们公司的经理正好又离职了，所以我才冒昧地请你回去。请你回去没有别的意思，完全是出于对你能力的认可，我想公司其他员工都了解这一点，所以在这方面，你千万不要有顾虑，现在的职位比你以前在的时候算是高了一级，薪水也上了个台阶，不知道你是否满意？"高先生感动极了，连连点头答应。

回到原来的公司以后，高先生充满了干劲。公司赏罚分明，只要肯努力，就一定有回报。高先生觉得，只有在这种公平的环境里才能好好干活，以前那份工作虽然赚得比现在多，但日子过得远不如现在痛快。

当初是自己主动跳槽的，按理说，就算混得再怎么不如意，也不好回原来的公司，可凡事不能一概而论，既然自己对新公司不满意，而老东家又不计前嫌，以提高职位和薪水来表示诚意，那吃回头草又有什么不可以的呢？

人生要面临的选择很多，就算自己当初选择失误，也用不着把〝好马不吃回头草〞当作金科玉律，别忘了，〝浪子回头金不换〞〝识时务者为俊杰〞也是人们常说的话呀！

不管在爱情中还是在工作中，走不走回头路和有没有志气都是两码事。适当顾及面子无可厚非，但要是把它看得比幸福和前途还重要，那就太糊涂了。

◎ “大男子主义”害死人

男人或多或少会有些大男子主义，大男子主义本身并不可怕，可怕的是过度。大男子主义的害处很多：其一，有的男人在家里喜欢以统治者自居，任何事都要自己说了算，从不听取妻子的意见，这很容易导致争吵；其二，有的男人从不做家务、带孩子，而妻子呢，除了和男人一样需要上班挣钱以外，回家以后还要操持家务、教育孩子，丈夫不但不帮忙分担，还时常横加指责，时间久了，妻子必然心凉；其三，不懂得关爱和心疼妻子，妻子遇到难题和坎坷时，不懂得安慰，不能为她分忧，试想，妻子长期没有心灵依靠，会是怎样的失望；其四，从不和孩子平等交流和沟通，他们认为，教育孩子只有一种办法，那就是打，这种粗暴的教育方式对孩子无疑是莫大的伤害。

在一个家庭当中，如果男人过分大男子主义，这个家庭多半夫妻关系冷漠，父子之间有隔阂。想要家庭幸福欢乐，男人最好能反省一下，改掉那些坏习惯。

很多男人不愿意听人家说自己“怕老婆”，即便真怕老婆，男人也会跟老婆说：“在外面一定要给我留点儿面子，哪怕我回来给你跪搓衣板都行。”在他们眼里，怕老婆的男人是很没出息、很窝囊的，所以每听到“怕老婆”的评价，男人的反应都很激烈。

王先生结婚三年了，夫妻感情一直很好。一天，几个老朋友找他出去吃饭，妻子嘱咐他少喝酒，早点儿回家。他点头答应，出门去了。几个人在一家餐馆边聊天，边喝酒，越喝越起劲儿，不知不觉，就到了半夜时分。妻子有些担心，便给丈夫打了个电话，询问他在什么地方喝酒，为什么还不回家。王先生把餐馆的名字告诉了妻子，并保证一定尽快回去。

又过了一个小时，妻子见丈夫还没回家，就到餐馆找他。王先生怕妻子在朋友面前对自己发火，连忙起身告辞。谁知，有个朋友说：“看不出来啊，这么怕老婆。”王先生脸上一热，说：“才不是呢！我怎么会怕她？向来都是我让她往东，她不敢往西。”

为了证明自己没说大话，他转身对妻子说：“你先回去吧，我们还有很多话要聊。”

妻子有些不满，说：“我看你们都喝了不少，早点儿回去休息吧，明天还要上班。”

王先生知道妻子是一番好意，可大话已经说出去了，他只能死撑到底，于是，他板着脸回道：“让你回去就回去，怎么那么多废话！”

妻子见丈夫当众奚落自己，觉得非常难堪，便不依不饶，坚持让丈夫跟自己回家。一来二去，两个人吵了起来，王先生情急之下打了妻子一个耳光，朋友见状，纷纷上来劝说。王先生见妻子哭着跑出门去，自己也没脸再留下来，就和朋友告了别。回到家，王先生自觉有愧，一个劲儿跟妻子赔不是，但妻子被那个耳光伤了心，第二天一早就向他提出离婚。王先生软磨硬泡，婚没离成，但两个人从此有了隔阂，感情淡了许多。

王先生是爱妻子的，也知道妻子让他早点儿回家是出于关心，可是，因为朋友的一句玩笑话，他不但打消了回家的念头，还对妻子冷言冷语，甚至动手，结果闹得二人感情失和。

别人说你怕老婆怎么了？没有几个男人是真的"怕"老婆，所谓的怕，其实是爱。有的男人坦诚自己怕老婆，那是因为他尊重婚姻，对家庭有强烈的责任感，这样的男人会被看不起吗？当然不会。

胡适当年担任北大校长时，曾经对学生发表了一番"怕老婆"的"宏论"："一个国家，怕老婆的故事多，则容易民主，反之则否。德国文学极少怕老婆的故事，故不易民主，中国怕老婆的故事特多，故将来必能民主。"

胡适不仅把"怕老婆"当作一句口头禅，还喜欢收集世界各国怕老婆的故事和有关证据。有一次，一位朋友从巴黎捎来10枚铜币，上面铸有"P.T.T"字样。他顿生灵感，说："这三个字母不就是'怕太太'的谐音吗？"于是将铜币分送朋友，作为"怕太太"会的标志。后来，台湾某报刊把这件事当作趣闻披露，他看到后还很高兴，当即给秘书胡颂平讲了一个他收集到的意大利人怕老婆的故事。

也许是为了表明自己怕老婆怕得非常彻底吧，胡适还号召男人要像旧时代女子那样，恪守“三从四得（德）”。所谓“三从”，指的是：太太出门要跟从，太太命令要服从，太太说错了要盲从。“四得”是：太太化妆要等得，太太生日要记得，太太打骂要忍得，太太花钱要舍得。

中国人对男人的传统期望是“硬”，比如“骨头”一词，加个“硬”字就是指男人有气节、有血性，如果换成“软”字，就是没人格、没节操了。“吃软饭”这个词也不例外，它是指那些被女人养活的窝囊男人，靠讨好女上司获得提拔的男下属，靠老婆的裙带关系谋取利益的丈夫等。这样的男人自己不付出一点儿努力，拥有的一切都是靠女人得到的，这种人无疑是受人鄙视的。

正因如此，很多男人都非常忌讳听到这个词。不过，这个词毕竟是别人给出的评价，事情的真相如何，别人未必清楚。因此，男人在听到这种评价时，应当审视它的真实性和客观性，如果自己是积极进取的，就无须把别人的流言蜚语放在心上。

迄今为止，李安算得上华人圈里最具号召力的国际大导演了。但是，谁能想到就这样一位风光无限的人物，竟然会有过七年“吃软饭”的经历。

20 世纪 80 年代中期，李安以优异的成绩毕业于纽约大学之后，便雄心勃勃地想要在好莱坞开拓自己的电影事业，但这对一个没有任何背景、初出茅庐的华人来说，谈何容易？

最初的一段时间，他每日窝在家中阅读、看片、埋头写作，顺便也包揽了所有的家务，买菜、做饭、带孩子。许多亲戚朋友看不过去，义愤填膺地问他妻子：“为什么李安不去打工？大部分中国留学生不都为了生活、为了家庭而放弃了自己的兴趣吗？”李安觉得过意不去，就偷偷学电脑，准备找工作。可没过多久就被妻子发现了，妻子勃然大怒：“学电脑的人那么多，又不差你李安一个！”李安惭愧，只好作罢。

这样的日子一过就是七年。七年中，妻子始终任劳任怨地工作、挣钱，养家糊口，直到李安蜚声国际影坛。

在妻子眼里，成名之后的大导演依然是一个听话的好丈夫。为珍惜两人共处的时间，现在，妻子尽可能自己开车去接丈夫。在车上，大导演会像个孩子般忙不迭地、絮絮叨叨地对老婆述说外面的一切。然后，听妻子的赞美，也听妻子的教诲。他说：“以前穷困时，靠老婆养，现在当导演，在外头耀武扬威，回家做收心操，像是煮煮菜，‘求’老婆骂一骂。被老婆修理一下，也好收收心，算是平衡一下。”

2001年，《卧虎藏龙》没有得到台湾金马奖最佳导演奖时，有记者问李安的感想，李安就曾幽默地说：“很想快点儿回家被老婆骂一骂！”

成名之后的李安当然再也不需要靠老婆吃饭了，〝吃软饭〞的帽子自然也就可以从此摘掉，但从李安的反应来看，他似乎很享受〝吃软饭〞的感觉。毕竟，在一个男权至上的社会里，一个女人可以如此养活一个男人，并且长达七年，是多么难能可贵的一件事情。难能可贵的不仅是妻子的善良，更是两人坚贞不渝的爱情。

其实，一个男人有没有本事、有没有出息，与〝怕老婆〞和〝吃软饭”并没有多大关系。别人怎么看不要紧，男人应当自己看得起自己，只要你有理想、有抱负，并且能够为之努力奋斗，就没必要在乎那些评语。

不管在家庭中还是在社会交往中，如果一个男人气量狭小的话，是很难与人和谐相处的。因此，男人应当抛弃那些狭隘的面子观，以宽广的胸怀笑对生活。

◎ 工作是为了谋生，“体面”能当饭吃吗

谁都希望拥有一份薪水高、待遇好，又受众人认可的工作。有理想是好事，但成功不是一蹴而就的，能找到体面的工作，当然最好不过，如果暂时不能如愿，也不要看不上别的工作，让自己陷入“高不成、低不就”的境地。

小武是某高校电气自动化专业的毕业生，在就业问题上，他的想法是，必须找一份工程师或设计师的工作，这样说出去的时候才有面子。然而，除了学历之外，许多企业对工程师和设计师的要求都是具有一定年限的工作经验，小武是应届毕业生，当然不符合应聘标准。

有些同学建议他选择那些具有一定规模的企业，先到车间里锻炼一段时间，等有了工作经验之后再一步步朝自己的理想迈进，或者干脆找一份力所能及的工作先做着，总不能毕业这么久了还依靠父母生活。可小武觉得，一个普通的技校毕业生都能胜任车间的工作，自己是大学生，去车间不是大材小用吗?

转眼间，三年过去了。与小武同时毕业的同学要么当初从基层做起，现在积蓄了许多知识和经验，要么干脆自己创业，小有成就，只有小武始终没找到理想的工作。三年多来，他除了去招聘会投简历，就是待在家里上网打游戏。看着他无所事事的样子，父母整天长吁短叹。

自食其力，是一个成年人最基本的体面。小武觉得大学生下车间工作是大材小用，不体面，可大材小用总好过英雄无用武之地吧？毕业三年多，还要依靠父母生活，这样就体面了吗？

有点儿身段并不是坏事，因为它说明一个人对自己有要求、有定位。不过，人在不同的境遇中，对自己的要求不能一成不变。境遇不好的时候，要能放下身段，如果不肯面对现实，多半会吃苦头，甚至处处碰壁。比如，一个千金小姐落了难，逃生异乡，身上的干粮都吃完了，除了去乞讨以外没有别的路可走，这时候，她如果放不下千金大小姐的身份，坚持不肯去要饭的话，很可能被活活饿死。也许这个例子有点儿过激了，但是现实生活中，很多人在困境中挣扎，错失了机会，都是因为放不下身段。

能面对现实的人，才是值得尊重的强者。如果立志做出一番事业的话，首先就要放下身段，放下学历、家庭背景和身份，把自己当成一个普普通通的人，从零开始。不要在乎别人的眼光和议论，做你认为值得做的事，走你认为值得走的路。

常言道："三百六十行，行行出状元。"工作只是分工不同，并没有高低贵贱之分。无论是求职，还是创业，最重要的是知道自己想做什么，并且朝着目标迈进。

张天一是北大法学院硕士，毕业于2014年。找工作的时候，家人希望他留在北京，做一名律师或公务员，一开始，他也是这么想，不过后来遇到的几件事令他深受触动，并最终改变了原来的想法。

有件事是这样的：在找工作期间，他去驾校学车，和教练聊天时，教练问他："你是硕士生，工作应该很好找吧？"张天一回答："不好找，现在就业形势不乐观。"教练说："我一个小学毕业的人，工作都挺好找，大学生怎么会不好找呢？工作到处都是啊，去工地当小工一天还300多元钱呢，而且包吃包住。"教练的一番话让张天一茅塞顿开，他终于想通了，原来自己一直被束缚在条条框框里头，觉得硕士生不应该干这，不应该干那，能选择的路只有那么两三条。要是只把工作当成一种谋生手段的话，那选择实在是太多了。

张天一是湖南常德人，牛肉米粉在他的家乡是最受欢迎的小吃，在北京的湖南人不少，如果能开一家正宗的常德米粉店，生意一定好做。张天一拉来了另外三个合伙人——周全、柳啸和宋硕。周全之前在深圳工作，柳啸是北京外国语大学的法学硕士，而宋硕则是美国一所大学的MBA。2014年4月4日，他们在北京环球金融中心地下开了一间米粉店。同年6月25日，他们的第二家米粉店开业了。在最初创业的84天里，他们一共卖出了14362碗米粉，月收入约15万元。

谈及创业感悟时，张天一说："很多年轻人吵着要思想独立，在我看来，在经济没有独立的情况下，思想独立就是一句空话。可能我现在不能告诉你我日后具体想做什么，但我想要的生活状态是很明确的：我不会被动地让生活来选择我，而是有能力选择生活。”

2015年5月，李克强总理到中关村创业大街视察。张天一作为北大创业营的代表，与李总理进行了交谈，他的创业精神得到了总理的赞许。

衡量一个人的价值，并不是看他能赚多少钱，不过，一个人只有生存有了保障，才能谋求进一步的发展，实现自身价值，否则一切都是空谈。生存环境并非一成不变，唯有适者才能生存。摆脱面子和身份给自己带来的束缚，未来的路才能越走越宽。

02 >> 你并不像自己想的那样受人关注

◎ “把自己当泥土吧”

你是否有这样的经历：对新买的衣服不太满意，觉得穿出去会被人笑话；新做的头发很失败，觉得没法见人；新买了一个皮包，不知道会不会被其他人留意到……

追求完美不是错，但别把自己搞得太累了。很多时候，我们并没有自己想的那样受人关注，在一些无关紧要的小事上，别人夸你还是笑你，都不要太在意，说不定人家转眼就忘了，你又何必放在心上呢?

有一个青年，平时都是留着小胡子的，有一天，他忽然想把小胡子剃掉。他想：我把胡子剃掉后，人们肯定会感到惊讶，并且会夸赞我比以前清爽多了。于是他将胡子剃掉了。

第二天，他在公司里不断遇到同事，他满以为人家会对他剃掉胡子的行为发表意见，可是大家匆匆跟他打过招呼后，都急急忙忙地去做事了。一直等到快下班的时候，还是没有一个人对他的改变做出任何评价。最后，他终于忍不住了，主动对一个同事说：“你觉得我今天跟以前有什么不同吗？”

同事愣了一下，将他上下打量了一番，说：“没什么不同啊！”

另外两个同事回过头来，看了他良久，终于有一个人看出来了：“哦，好像你以前留着胡子，今天胡子没了，对不对？”

鲁藜的《泥土》中有句话：“把自己当泥土吧，总是把自己当珍珠，就时时有被埋没的痛苦。”把自己太当回事，总觉得自己是大海里的璀璨珍珠，结果往往会很失望。

有些人总是戴着面具，他们几乎从没有以他们本来的面目出现过，甚至弄得自己也不认识自己。当他不得不露出真面目的时候，他就会感到万分局促。在他们看来，要紧的不是他们实际上是什么样的人，而是外表上看起来是什么样的人。

有些人畏首畏尾，不敢表现自己，怕自己一旦表现得不好，会遭到观众的唾弃。如果总是怕这怕那，不如什么都别做了。不用刻意掩饰自己，没几个人在乎你过得好还是不好。有些人生了“难以启齿”的病，因为怕被人笑话，就迟迟不愿意去医治，偷偷去找偏方、私人诊所，结果钱没少花，病情却得不到妥善治疗。古人云：“养病如养虎，虎大伤人。”这句话很有道理，很多病症在初期往往都是很好医治的，如果不及时治疗，就像家中养着老虎一样危险。不管是讳疾忌医，还是病急乱投医，都是不可取的，别因为顾虑面子而草率地对待自己的身体健康。

一个美国人被派到中国工作。当晚，在宴会上，他看盘子里只有碎肉末和小肉块，由于他喜欢吃大块的牛排，于是就拿用着不太顺手的筷子在盘子里戳来戳去，看着不顺眼，就扔回盘子里，然后再伸向另一个盘子。与他同桌的朋友见了没说什么。

后来，这个美国人娶了妻子。妻子是中国人，她见丈夫不讲究饭桌上的礼数，便提醒他注意，希望他想清楚再动筷子。这时，这个美国人才意识到自己的举动很失礼。回想起初来中国时的那次宴会，他觉得很惭愧，便给当时同桌的朋友写了一封道歉信。让他没想到的是，朋友根本就不记得那件事了。

有些人不管做什么，总想着别人会怎么看自己，就如同站在舞台中央，被无数观众注视着一样。当然，我们很爱其中的一些观众，比如我们的父母、亲人、朋友、恋人。我们也会常常关心他们，在乎他们的言行。除了他们以外，我们无须在意其他观众会怎么看。

与其费力活成别人喜欢的样子，不如努力去活成自己喜欢的样子。生活中总会有人喜欢你、赞美你，也有人讨厌你、恶意中伤你。越在意别人的看法，越介意别人对自己的评价，就越容易受周围环境的影响。世界上不存在完美的事物，请接纳自己的不完美，别强迫自己活成别人喜欢的样子。

别拿自己太当回事儿，这不是消极，也不是自我贬抑，而是一种豁达的平常心。我们不妨像尼采说的那样："对待生命不妨大胆冒进一点儿，因为好歹你要失去它。"

◎ 你不可能让所有人都喜欢你

很多人不是为了自己而活，他们总是在别人的指指点点下小心翼翼地生活，做一件事总是要在意他人的看法与评价，总是想：我这样做，外人会怎么评价我呢？别人对我是什么看法呢？他们该不会笑话我吧……

父子俩进城赶集。天气很热，父亲骑着驴，儿子牵着驴走。

一位过路人看见这爷儿俩，便说："这个当父亲的真狠心，自己骑着驴子，却让儿子在地上走。"父亲一听这话，赶紧从驴背上下来，让儿子骑上驴，他牵着驴走。

没走多远，一位过路人又说："这个当儿子的真不孝顺，老爹年纪大了，不让老爹骑驴，自己却悠哉地骑着驴，让老爹跟着小跑。"

儿子一听此言，心中惭愧，连忙让父亲上驴，父子二人共同骑驴往前走。

走了不远，一个老太婆见父子俩共骑一头驴，便说："这爷儿俩的心真够狠的，那么一头驴，怎么能禁得住两个人的重量呢？可怜的驴呀！"

父子二人一听也是，又双双下得驴背来，谁也不骑了，干脆走路，驴子也乐得轻松。走了没几步，又碰到一个老头，指着他们爷儿俩说："这爷儿俩都够蠢的，放着驴子不骑，却愿意走路。"

父子二人一听此言，呆在路上，他们已经不知该怎样对待自己和这头驴子了。

正因为世界上没有两片完全相同的树叶，生活才会五彩缤纷。每个人都有不同的生活环境和思想，有自己做人的标准，他人的评论只不过是他们自己的看法罢了。你认为有道理就听，认为不正确就可以不理会，主动权应掌握在你的手里。如果对他人的评价看得太重，就必定会失去自我。

“哪个人后无人说”，被人评论是正常的事，不必过分看重。有时，否定的评价还有可能成为激励你的动力呢。路是自己的，太在乎别人的眼光和评价，只会让自己做事放不开手脚，犹豫不决。别人怎么看你并不重要，重要的是你要做你自己，去做自己认为正确的事。

毕加索年轻的时候，画的画并不被人认可，但他却说：“我不认为自己的画不好，因为我为之倾注了所有的心血和努力，作画的时候也极其认真。可能它并不完美，但我会坚持下去，力求使它越来越完美。我知道，不可能所有的人都认可我的画，但我也知道，肯定会有人欣赏它们。我只代表自己，不过不能否认的是，总有一些人的想法是和我一致的，尽管这些人可能很少，但不能否认他们的存在。因此我相信，总有一天，我的画会得到这些人的认可。”最终，他成了一位伟大的画家。

虽然身处同一个世界，但每个人都有自己的感觉，都会根据自己的想法来看待这个世界。因为人的欣赏水平和欣赏角度不同，所以对于同一事物，每个人的评价也各不相同，所谓“众口难调”，说的就是这个意思。

每个人成功的背后，都有一段辛酸往事。李玉刚成名前在酒吧工作过，因为听台上的人唱歌听得太专注了，他不小心把水倒在了客人手上，客人二话没说，伸手就给了他一大巴掌。

李玉刚说："就这一巴掌真的扇醒了我，我感觉我不应该是这个样子的。"

正是这个经历，让李玉刚下定决心要站在表演的舞台上。

艺人这条路，李玉刚走得比其他人都要艰难。买口红他都是一次买十支，每次看到营业员欲笑又止的表情，他都得找个体面的理由，说："我是搞批发的，想先了解下产品。"

在上央视之前，他的父母一直都不知道他真实的职业。每次他都骗父母说是做演出经纪，可纸毕竟包不住火，李玉刚在央视的惊艳亮相后，在老家引起了不小的轰动。亲戚朋友个个不敢相信，电视里那个跷兰花指的"女人"就是李玉刚。虽然父母后来并没有责怪他，但李玉刚很明白，两位老人要为这个儿子默默承受多少流言蜚语和异样的目光。由于反串表演的特殊性，李玉刚出道至今遭受了很多非议和质疑。

有人问他："当别人觉得你非常不容易，可怜你的时候，你觉得自己可怜吗？"

李玉刚坦然回答："我一定是要尊严的，不要尊严走不到今天，我只会把那些背后的指指点点积蓄成自己的内心力量。"

他曾说："他们说出来的话，比拳头打在你脸上还让人受伤。十年的经历我让感觉到，当你做好了这个工作时，人人都喜欢你，当你做不好的时候，人人都讨厌你。"

不同的人站在不同的立场，会有不同的看法。无论你怎样做，都不可能做到让所有的人满意。只要尽心尽力去做就好，想要让所有的人都赞美你、肯定你，那是不可能的。人的价值不能寄托在他人的评价上，做事要有主见，如果自己认为是正确的，就坚持下去，别被他人的意见左右。知道自己要什么，该做什么，这样才能活出自我。生活终究是自己的，总是盯着别人怎么活，揣摩着别人的想法，照顾着别人的情绪，什么时候才能活出自我呢？不要接受错误的建议，不要让别人困扰你的想法。学会欣赏自己，懂得享受生活，才能活得轻松。

◎ 出丑没什么好怕的

你有过出丑的经历吗？比如忘记拉衣服拉链，在众人面前喊错别人的名字，或者不小心摔了一跤，惹来一阵哄笑……

其实，当众出丑并不全是坏事。有人做过一项调查，调查者提供了两种成功者的形象，让人们选择自己更喜欢的一种：其一是言行得体、无可挑剔的人；其二是功成名就，但当众犯了一些小错误的人。调查结果表明，人们更喜欢的是后者。这是为什么呢？研究表明，如果一个人表现得完美无缺，看不到任何缺点，人们反而觉得这个人太不真实，而一个优秀的人有些小缺点，比如当众出一下丑之类的，人们往往会心生好感，觉得这个人真实可爱。

当众出丑时，谁都会觉得尴尬万分。遇到这种情况，很多人的第一个想法就是找个地洞钻进去。一朝被蛇咬，十年怕井绳，再遇到相似的情景，难免心生恐惧和焦虑。很多人不敢当众说话，一开口就语无伦次，究其原因，就是担心当众出丑。越怕丢人，就越在乎别人的看法，越在乎别人的看法，就越不敢展现自己，照此下去，很容易亦步亦趋，一点点儿失去真实的自我，这有什么好处呢?

凤凰卫视名嘴窦文涛曾说起自己上初中时的一段经历：当时，他准备参加一场演讲比赛，为此，他做了充分的准备。在比赛之前，他为了确保万无一失，还让家里人随意考他，结果不管是演讲稿中的哪一段，他都能流利地背诵出来。

可是，当信心十足的他走上舞台，看到台下坐着全校的老师和学生时，顿时就紧张起来了。只背完前两段，他的大脑就一片空白了，只能停顿下来，10秒钟，20秒钟，30秒钟……一分钟以后，在全校师生的注视中，他满脸通红地冲下舞台。原来，因为太过紧张，他不知不觉尿了裤子。这次当众出丑，让他在很长一段时间里无法面对老师和同学。

后来，老师开导他说："这次演讲没完成，没拿到名次，不要紧。我觉得前两段说得很不错，要是能克服紧张情绪的话，我相信以你的实力，拿第一都不是问题。你回去再好好背背稿子，准备参加区里的比赛吧。"

窦文涛点点头答应了，他想，既然我的脸都丢光了，还怕什么呢？这一次，豁出去的他果真取得了满意的成绩。这段经历对他的影响很大，当众出丑的阴影散去以后，就算面对再多的观众，他也不会紧张了。

他总结这段经历时，说了这样一段话："出丑时被嘲笑，觉得很丢脸，不过出丑的次数多了，脸丢光了，就会进入一种全新的境界。这时候，以前在意的面子和虚荣都不见了，我反而变得更加强大了。"

既然已经出丑了，就要勇敢面对。为了一件无法掌控的事情折磨自己，与其去纠结自己改变不了的事，不如卸下负担，让自己过得更好。如果当时实在无法化解尴尬，转身离开就是了，与之相比，更好的办法是冷静下来，给自己找个台阶下。

在一次大型活动中，一位女主持人走上台时不小心摔倒了，可她从容地站起身来说："今天的观众朋友实在太热情了，以至于我不得不为你们倾倒啊！"主持人巧妙地将"摔倒"转换成"倾倒"，台下传来一阵热烈的掌声。当众摔倒原本是一件很尴尬的事，但主持人通过机智幽默的玩笑自然地将其化解了。

自嘲是化解尴尬的好办法，既能保住面子又能调节气氛，舒缓紧张情绪。很多才能卓越的人都自嘲过，伟大的哲学家苏格拉底也不例外。

苏格拉底的老婆是个心胸狭窄、冥顽不灵、唠叨不休的悍妇，她动不动就对丈夫出言不逊，甚至破口大骂。

有一天，苏格拉底刚一进家门，他的老婆就一直唠唠叨叨，接着就破口大骂，言语不堪入耳。苏格拉底早就习惯了，所以只是默默坐下，一言不发。老婆见他对自己不理不睬，更是火冒三丈，气不打一处来，于是端起一盆水，直冲苏格拉底泼了过去，苏格拉底被淋得浑身都湿透了。

面对邻居不可思议的表情，苏格拉底慢悠悠地说："我早就知道，雷电之后必然会有一场倾盆大雨。"

曾有人询问苏格拉底："你为什么要娶这样一个老婆呢？"

他回答说："擅长马术的人总要挑烈马骑，骑惯了烈马，驾驭其他的马就不在话下了。如果我忍受得了这样的女人，恐怕普天之下就不会再有让我觉得难以相处的人了。"

自嘲不只适用于化解尴尬。人生不如意事十之八九，心情烦闷时，同样可以自嘲一下。幽默一直被称为只有聪明人才能驾驭的语言艺术，而自嘲又被称为幽默的最高境界。能够自嘲的人，必然是乐观豁达的，也是智者中的智者。

◎ 爱的表达，永远不算出丑

人的一生是相互关爱的过程，每个人都有情感的需要，因此，无论是亲情、友情，还是爱情，都需要表达出来，让对方知道。

对父母的爱需要表达。也许有人觉得很难开口，可再不说的话，父母就真的老了。

小颖和父母的关系一直很亲密，不过，结婚以后，她忙于工作，照顾自己的小家庭，看望父母的次数越来越少了。爸爸想念她时，就拿出相册来翻，时间久了，相册都被翻破了。

一天，小颖送孩子去幼儿园，看到一个家长骑着自行车送孩子，她忽然想起了自己小时候，爸爸送自己上学的情景：那时候，她经常把头靠在爸爸的臂弯里，一路上，爸爸给她讲有趣的故事和生活常识，两个人说说笑笑，开心极了。

父亲节那天，小颖带着丈夫和孩子回去看望父母，还特意像小时候那样，抱了抱爸爸，靠在他肩膀上撒了撒娇。看爸爸笑得跟花儿一样，小颖也觉得非常幸福。

相信很多人都记得这样一则公益广告：儿子带着患痴呆症的父亲出去吃饭，盘子里还剩两个饺子，爸爸一下子伸出手去，把它们抓起来，装进了衣兜里。儿子呆住了，爸爸说："这是我儿子最爱吃的。"广告结尾，出现了这样一行字：他忘记了一切，但从未忘记爱你……

这则广告感动了许多人，央视有位主持人感慨道："好好爱我们的父母吧，我们总是忙着赶紧长大，却常常忘了他们在匆匆变老……"

在爱情中，有人宁愿把感情压在心底，也不愿向对方表露。在不被人发觉时，暗恋是一种纯粹的个人行为，无所谓丢脸与不丢脸，但一旦被发现，就有被耻笑的可能。

有的男孩抱怨说，追女孩真不容易，要是太主动了，人家还以为是死缠烂打。男人要勇敢点儿，女孩都是感性的，容易沉浸在爱情里。虽然你付出了辛苦，而一旦你的真心打动了她，那么你得到的将是更多、更久的加倍的爱。女孩子对男朋友都很贴心，为了换来这份甜蜜，付出点儿辛苦算什么？追求自己喜欢的女孩，受点挫折还继续对女孩好，说明你很有诚意。别不好意思对心仪的对象表白，勇敢地表达出来，至少还有一半成功机会，就算失败了，也不会留下遗憾。与男人相比，女人在示爱方面更害羞。其实，女孩遇见喜欢的男孩，也不妨主动一点儿。女人主动追求男人，并不会降低自己的身价。

有一个女孩在大学时暗恋一个男孩长达三年，却始终不好意思表白。毕业在即，她终于鼓起勇气，给那个男孩写了一封情书。几天之后，男孩送给女孩一只玩具熊，并告诉女孩，这只玩具熊里装着自己所有的祝福。后来，两个人天各一方。

女孩以为男孩拒绝了自己，每天都抱着玩具熊伤心地哭泣。直到有一天，玩具熊破了一个洞，露出了信纸的一角，她拆开了玩具熊，发现里面装了上百封信。女孩读完了所有的信，终于发现原来那个男孩也一直暗恋着自己。因为不好意思表达爱意，彼此爱慕的两个人就这样擦肩而过了。

放下面子才能做最真实的自己。与其在揣测和等待中浪费时间，何不勇敢一些，坦诚一些，把心底的想法说出来呢？

无论是用直接的方式，还是委婉的方式，只要把爱表达出来就好，真实的情感无须顾虑太多，对爱你的人来说，这是一种被需要和被在意的幸福。

03 >> 婚丧嫁娶中的面子问题

◎ 爱情，不是秀给别人看的

在爱情的世界里，从来都是如人饮水，冷暖自知。很多时候，旁人能看到的只是事情的表面，只是两个人的身高、长相、学历、经济等外在条件是否匹配，并不能看到两个人内心的交流和感受，更看不到他们给彼此的爱意和温暖。般配与否，只有当事人自己才知道。

十五年前，赵军在湖北老家和妻子孙婷结了婚，当时，赵军24岁，孙婷23岁。婚后，赵军萌生了外出打拼的想法，妻子很支持。两个人带着几千元钱，离开老家，去了广州。一开始，他们只能四处打工，整天起早贪黑，非常辛苦。五年过去了，他们手里有了积蓄，一起在水产市场租了个摊位卖海鲜。又过了几年，他们从最初的一个摊位，慢慢发展到六个摊位，生活越过越好。如今，他们有房有车，还有一双儿女，可谓衣食无忧。

能过上这样的生活是赵军的梦想，可梦想成真了，他却怎么也高兴不起来。妻子贤惠能干，下得了厨房，却上不了厅堂。

岁月无情，她脸上留下了抹不去的痕迹，可赵军却得到了老天的眷顾，看起来比妻子年轻得多。

一次，赵军带妻子一起去参加朋友的饭局，一个不知情的朋友说："伯母来啦？怎么不提前说一声……"

其他人哄笑起来，有人连忙解释。那个朋友得知是自己误会，连连道歉，赵军满脸通红。从那以后，他再也不愿意带妻子一块儿出去了，怕看到别人异样的眼光。因为妻子长得比自己老，赵军整日郁郁寡欢。朋友聚会，大家都带着老婆，看着别人一对对都挺般配，他心里就特别羡慕。

后来，赵军提出离婚，妻子起初不答应，可见赵军心意已决，妻子便不再坚持，带走了两个孩子，把三个摊位转让出去，离开了广州。

不久，赵军再婚，娶了一个比他小十多岁的女孩，每次带着年轻貌美的妻子出去，他都觉得非常有面子。然而，好景不长，妻子虽然年轻漂亮，但脾气也很骄横。赵军一个人在摊位上忙碌，她从不帮忙，家务也从来不做，婚后两年，她没给赵军做过一次饭。因为生活上的琐事，她经常发脾气，让赵军很是头疼。终于有一天，妻子在和他大吵一架之后扔下了离婚两个字。现在，赵军偶尔会想起孙婷，怀念她的温柔体贴，可他知道，孙婷是不可能原谅他的。

伊索说过："很多人都想得到更多东西，可是，他们最终连自己拥有的东西都弄丢了。"这句话可谓"得不偿失"的最佳注解。

每个人都有自己的生活和追求。幸福的模式并不是只有一种，一双鞋子是否合脚，别人根本无法体会，只有穿鞋的人自己清楚。好伴侣的标准不是和别人比较得来的，关键在于对方爱不爱你，适合不适合你。

因在《垂帘听政》中成功出演咸丰皇帝，梁家辉一举获得第三届香港电影金像奖最佳男主角奖。得封“影帝”的他，开始了演艺生涯中最黑暗的一段日子。正是在这段时间里，梁家辉遇到了后来成为他太太的江嘉年。梁家辉和太太是一见钟情，当时，梁家辉的经济状况很糟糕，不过江嘉年没有介意。交往半年，两个人就结婚了。

梁家辉说：“举行婚礼时，我所有的存款只有8000元港币，就租了一个饭店的房间，招待双方几个好朋友，也不敢告诉家长，自己伪造了结婚证书，交换了戒指。大概结婚大半年后，经济状况开始改善，那个时候就跟家长坦白，说我们已经结了婚，去办了正式的手续。”

江嘉年年轻的时候很漂亮，后来因为一场病，吃了一些含有激素的药物，导致身材严重走样。不过在梁家辉眼里，妻子永远是自己的好太太。

有狗仔拍到梁家辉和老婆逛街的照片，江嘉年已没有往日的风韵，有的人嘲笑她是“大妈”。当记者提及此事时，梁家辉回答得很干脆：“我觉得我太太是越来越美了。”

如今，男方依然魅力十足，女方却被香港媒体形容为“体态臃肿，面容憔悴”。梁家辉尽力维护太太的形象：“如果长得那么漂亮的话，她就是女明星了。生活中我们就是平常人，过得很随性，没必要刻意装扮。”

梁家辉饱含深情地说：“岁月流逝，男人也许能在时光的磨砺中越来越有味道，而女人的容貌却在操持家务的油烟味中变老了。我太太年轻时是个漂亮的女孩，现在她在我心目中越来越美了，有时我会在她睡着的时候偷偷看两眼，心里有种温存的东西在流淌。这是给我梁家辉家庭的女人啊，没有她，就没有我的两个小天使，就没有我今天的一切……”“对于家庭，我未必是一百分，但一定会尽力而为。”“婚姻充满琐碎事，需要智慧去经营，到这个年纪，名与利已不算什么，我更愿把精力放在家庭上，不让它有一点儿闪失。”

别人的认可与否不重要，重要的是你们彼此相爱、相知、相守。知足才能常乐，如果不知足，就算你的另一半再能干、再漂亮、再有才华，你都觉得不顺心。幸福不是为了被人看见、被人羡慕的，只要两个人都能踏踏实实地过日子，就是幸福的，不要在意别人怎么说。

◎ “剩男剩女”的为难之处

过去，很多年轻人以单身为荣，称自己是“单身贵族”，如今，单身贵族的地位越来越低，慢慢变成了“剩男剩女”“齐天大剩”，甚至是“单身狗”。被催婚，被迫相亲，是许多大龄未婚青年头疼的事。到了结婚年龄，就必须得结婚，否则就没脸见人吗？

小乔今年29岁，大学毕业多年，一直在外地工作，以前交过一个男朋友，但两个人因为性格问题分手了。小乔有个姐姐，还有个弟弟，两个人都已经结婚了。如今，家里人都把她当成了“老大难”，亲友聚会、过年回家，乔乔不想成为话题都不行。她的父母不缺钱，在老家生活得很好，被很多人羡慕，姐姐和弟弟的婚姻都很美满，所以小乔至今没嫁出去的事，是父母最大的心病。每次亲戚聚会、过节过年，小乔都会成为全家，甚至是全村人议论的中心，因为在农村，像她这个年纪还没嫁出去，简直和怪胎一样。跟她年龄差不多的没上过大学的女孩，基本上全都结婚生子了。

小乔每次过年回家，都有一大堆男女老少围着。前些年，妈妈还会带她一起上街，可现在很少有那样的时候了。一上街，就能听见类似的议论：“这姑娘是谁谁家的吧，还是一个人呢？哎呀，真可怜……”

每次回家，她的压力都很大。往年过年，她最多挨到初五，就会像逃跑一样回到自己工作的城市。去年大年初二，妈妈当着姐姐弟弟一大家子的面，对小乔说：“一会儿我们去大伯家拜年，你就别去了，我告诉他们，说你工作太忙，没回来，这样对谁都好，免得大家议论。”小乔急了：“妈，你这是什么意思啊？真觉得我嫁不出去，给你们丢人了？要是这样，我现在就走，以后也不回来给你们添堵！”就这样，小乔一气之下走了，一年多没有回家。除了父母偶尔打电话来之外，她从不和家里人联系。

虽然父母唠叨起来挺让人心烦的，不过他们毕竟是自己的亲人，双方多沟通，互相理解，应该不难做到。

至于那些〝八竿子打不着〞的人，根本不用理会。在那些人眼里，少数就意味着“不合规矩”，他们在“大多数”的身后随波逐流惯了，看到队伍里有人站“歪”了，就想提醒人家“保持队形”。这些人习惯于从众，原因有两个：一是渴望归属感；二是希望通过从众的选择来减轻压力或推卸责任。有心理学研究证实，在人类的潜意识中，找到归属感的愿望都很强烈。如果一个人的观点与群体中的大多数人产生矛盾或分歧时，人们出于不被群体排斥的考虑，即便群体中大多数人的选择并不正确，也会选择放弃自己的观点屈从于大多数人。

从众的人认为，枪打出头鸟，所以他们不愿意背离群体的主流，免得被群体排挤。容易产生从众心理的，都是胆怯、知识匮乏、缺乏安全感和虚荣心强的人。所以，你无须把胆小鬼的话放在心上。如果你盲从了这些人，将来有一天后悔了，谁会站出来帮你善后？没有。任何人都不可能为你的未来埋单。

别因为父母催得急，就迫于压力而去做自己不想做的事。爱情不应该是为了满足父母的期望、摆脱催婚压力、结束单身生活。如果恋爱、结婚、生子是为了满足别人的期待，只能令你疲惫不堪，迷失自我。结婚是两个成年人的事，成年指的是人在精神上和经济上都能够独立，有正确的人生观和价值观，知道怎样待人处世，怎样善待自己和他人；对自己厌恶的人和事，知道怎样合理地拒绝；对自己喜欢的东西，能够通过努力去争取。

不管别人怎么催促，都一定要坚持自己的立场和标准，感情急不来，婚姻更急不来。没有人规定年龄到了就必须要结婚，别让年龄成为自己的压力。

◎ 从婚礼看中国人的“排场”

结婚是人生中的大事，办一场隆重的婚礼理所当然。不过，所谓的隆重，是指精心筹办，并不是一味讲排场。

如今，结婚成本越来越高，年轻人参加工作没几年，手头往往没什么积蓄，于是，父母就成了他们的靠山。在长辈眼里，人活一张脸，儿女的婚礼绝对不能含糊，就算倾尽所有，甚至不惜举债，也得办得风风光光的。可是，婚礼越风光，婚后的生活就越幸福吗？

小潘和妻子生活在北方的一个小县城里，两个人每月工资一共4000多。由于参加工作时间不长，在买房的时候，小潘用自己的存款勉强交了首付款，至于婚礼，他打算和妻子说不办了，直接旅行结婚，这样不仅能节省不少钱，而且也很有意义。妻子倒是同意了，可岳父和岳母说什么也不答应，说这样做会让街坊邻居笑话，再说，女儿结婚是一辈子的大事，怎么能敷衍了事呢？婚礼必须要办，而且还不能办得太寒酸了。

既然岳父和岳母这样要求了，小潘哪敢拒绝呢？可他手里确实拿不出办婚礼的钱，只好找父母商量，潘家二老说：“既然亲家开口了，咱们说什么也得把婚礼办得像模像样，否则别人还以为我们连儿媳妇都娶不起呢！”

就这样，小潘父母拿出了毕生积蓄，一共7万元，担心这些钱不够用，他们又找亲戚朋友借了一些。婚礼地点选在了一家高档酒店，因为双方亲属比较多，一共办了50多桌，一桌800元。

另外，新娘首饰花了3万元，定做婚纱花了6000元，拍婚纱照8000元，租婚车花了5000元，找司仪花了3000元，雇乐队花了2000元，摄影摄像花了1500元，婚礼当天发红包3000元……总之，零零碎碎的花销加在一起，一共花费了近10万元。

为了把欠款还清，小潘父母不得不节衣缩食，还债使他们压力很大，身体越来越差了。小潘看在眼里，疼在心上。久而久之，他免不了埋怨岳父和岳母，如果他们当初不坚持举办婚礼的话，自己的父母也不会过得这样窘迫。这件事也影响到了他们夫妻俩的感情，因为这件事，他们吵了好几次架。

风光的婚礼没有带给小潘和妻子更多幸福感，反而令他们矛盾重重。如果当初没借钱办婚礼，又怎会如此呢？花多少钱办婚礼，得衡量自身的经济状况。婚礼再风光，毕竟只有一天，难道为了一天的面子好看，就不顾婚后几十年的生活了？欠债是一种经济负担，更是一种心理压力，千万不能为了一时的脸面而让自己或家人负债累累。

在婚礼的所有花销当中，婚宴往往占很大比例。很多人经济上并不宽裕，可又担心宴席水准比别人差，会招来亲戚朋友的非议，就尽可能让山珍海味齐上桌，还坚决抱着“宁可剩下，也不能不够吃”的态度。一般说来，每桌是十位客人，但桌上的菜经常是16道、18道，甚至是20几道，摆得像小山似的。宾客散去时，每桌都剩下不少菜，有的菜只吃了几口，就被倒进了垃圾桶。

谁都知道这是浪费，可是，因为担心落得个小气的名声，有些人只能硬着头皮花这个冤枉钱。亲朋好友来参加婚礼，是为了品评婚宴吗？当然不是，他们是要为新人送上祝福，同时自己也沾点儿喜气。至于婚宴是什么档次，有多少道菜，就算有人在意，过不了多久，也都忘在脑后了，这样的面子要它干吗？与其把酒菜白白倒掉，倒不如把钱节省下来，添置一件生活必需品也好，出去旅行也好，不是实在多了吗？

婚礼是给自己办的，不是给别人看的，应该更注重实质，而不是表面形式。近些年来，许多人策划的个性婚礼不再追求奢华，而是更崇尚低碳环保，比如童话婚礼、公交车婚礼、自行车婚礼等。

刘某和李某都是自行车爱好者，两人因骑自行车而相识、相恋。恋爱三年后，两人在相识纪念日举办了一场别具意义的自行车婚礼。迎亲的不是豪华车队，而是一排山地自行车。过往的市民交口称赞，并纷纷把这动人的一幕拍了下来。新娘坐在自行车后座上，露出了灿烂的笑容。她说，这场婚礼虽然简朴，但它意味着不分贫富贵贱，都会永远用心爱着对方。

每个人结婚都想留下浪漫的回忆，可什么才是浪漫呢？浪漫是用心营造出来的，并不是靠大把大把花钱砸出来的。与那些仪式烦琐、处处讲排场的婚礼相比，个性婚礼更有品位，而且简单实在，别具意义，何乐而不为呢？

◎ 变形的“彩礼”：不为幸福为面子

人们总说爱情是两个人的事情，可真到谈婚论嫁的阶段，总会遇到各种各样的问题，背后的酸甜苦辣，或许只有真正经历过的人才会知晓。

彩礼，俗称〝老婆本〞，是结婚之前必须面对的问题。

在古代的订婚仪式上，男方家庭会以订婚男子的名义送给女方一份由物品和金钱两部分构成的〝彩礼〞，其中钱为财，物为礼。女方收受彩礼后，也会送男方一些物品，称作〝回礼〞。彩礼中的物一般都是价高但实用的物品，回礼一般为女性亲手制作的物品。

时至今日，彩礼被赋予了太多的物质含义，成了很多人的沉重负担。

李瑞和女朋友打算今年结婚，不久前，因为装修房子的问题，女朋友和李瑞的父母意见不合，好不容易关系缓和了，却又因为聘礼的事闹得很不愉快。

按李瑞家乡的风俗，聘礼给得不太多，但在女朋友的家乡，对聘礼的要求是：

“穿金一动不动”——穿一身金，“动”指的是10万元以上轿车，“不动”指的是120平方米以上的楼房；

“万紫千红一点绿”——一万张5元纸币，一千张百元纸币，若干张50元纸币，有条件的人家还可以多“绿”一些，一般最少要15万；

“三斤三两”——一百元钱的人民币拿秤称，称足“三斤三两”即为彩礼数额，大约为13.8万；

“前四后八”——订婚4万，结婚8万；

“万里挑一，一片绿”——万里挑一大家都清楚，几万就看个人能力了，最低10001，“一片绿”就是新娘当天进的婚房要用50元一张张铺满，条件差的婚床要用50元的一张张铺满……

李瑞一听，整个人都蒙了。为了让孩子满意，李瑞的父母已经拿出了所有的积蓄，如果按照他们那边的习俗，李瑞家准备的聘礼算可以的了，而且父母已经为李瑞操了太多的心，结婚办酒席还是找亲戚借的钱，在这种情况下，李瑞无论如何也不好意思再向父母开口要钱了。

李瑞想来想去，只好找朋友借了5万元，然后又带着父母给他的10万元去了女朋友家，希望能争取她和家人的谅解。可是，未来岳母一听李瑞只拿了15万来，当时就不高兴了，把他赶出了门。

当天半夜，李瑞接到了女朋友的电话。在电话里，女朋友哭着说李瑞聘礼给得太少，十里八乡都没有这么少的聘礼。她的长相好，在家乡是出了名的，很多女孩长相比自己逊色得多，可她们都有丰厚的聘礼。如果让人家知道自己的聘礼这么少，一定会笑死她的。父母把她养育成人，她也不能看着父母被人指指点点。

后来，两个人因为彩礼问题无法达成一致，只能以分手收场。

难道彩礼的多少能代表女孩的身价吗？如果是那样，爱情岂不成了交易？适当的彩礼可以体现出男方对女方的认可程度，试想，一个男人连适当的彩礼都不肯出，那婚后的表现会怎样呢？虽然结婚不是买卖，但在经济条件允许的情况下，男孩肯定是愿意满足爱人的需求的。看得出，李瑞是有诚意的，他和父母都愿意尽可能地满足女方的要求，而且他也懂得体谅父母，这样的男孩还是很难得的。原本应该皆大欢喜的事情，却因为彩礼问题不欢而散，未免令人惋惜。可是仔细想想，因为彩礼的事情分道扬镳，这说明了什么？只能说明感情基础还不够牢靠。

如果两个人真心相爱，为什么不能各让一步，把彩礼的数目定在一个合适的位置呢？这样既不失体面，又能继续相亲相爱。

有些女孩觉得，彩礼从一定程度上代表了男方的诚意，彩礼太少，说明对方不够爱自己，这会让自己在亲朋好友面前失了面子。

爱情不是物质交易，不要让纯洁美好的感情掺杂进功利和虚荣。彩礼只是一种传统礼节和民俗，根据男方家庭的经济情况而定，尽到礼节就好。如果为了面子，一味追求高价彩礼，致使男方背负沉重的负担，导致姻缘破灭，或者婚后生活质量下降，值得吗？人生要靠自己走，婚姻亦然。

◎ 礼物是表达感情，还是炫耀价格？

中国人一向讲究礼尚往来，在传统社会中，人们普遍生活在家族和故乡。在这种情况下，亲人和邻里之间时常互相帮助，这种帮助体现了亲情和友善，如果和金钱扯上关系，就显得疏远了。接受帮助的一方心里会怀着感激之情，并抱有“投桃报李”之念。这种来往方式与西方人所说的源自理性的经济交换有一定的相似之处，但与上述交换相比，中国人之间的来往更加偏重于情感。为了面子，中国人可以牺牲现实利益，甚至倾尽所有。

亲友同事之间随随份子，互赠礼物，可以增进彼此的感情，这并无不妥之处。然而，时至今日，人们的礼尚往来已经不再像过去那样单纯了。请客送礼之风愈演愈烈，一些人的心灵已经扭曲了。无论是送礼的一方，还是收礼的一方，都认为感情就是靠这种方式建立起来，并持续巩固的。

很多人怕送出去的礼金打了水漂，便想出了一种回收资金的办法——以各种各样的名义设宴，然后广邀亲朋好友。于是就出现了五花八门的宴席名目，什么升学宴、升职宴、参军宴，还有人以祝寿、生病、过世等名目摆宴……这无疑会使原本生活就窘迫的人陷入无尽的绝望。这样的礼尚往来不仅加重了人们的生活负担，而且还滋生了腐败现象，破坏了社会风气。当前社会，物价随着经济一路攀升，礼品或礼金必然随之升高。

原本淳朴和真诚的情感沟通变成了金钱和物质的交换，这无疑是整个社会的悲哀。不管是随份子也好，送礼物也罢，重要的都是心意，而不是钱多钱少，贵重与否。要是把随份子和送礼当成面子事儿，那苦恼就无休无止了。

小曲参加工作两年了，每个月工资3000多元。这个月，他光是结婚请柬就收到了四张。都是老同学、好朋友，礼金是一定要送的，可听说现在200元已经拿不出手了，300元、400元又都不吉利，只能一下跳到500元。四份红包一共要2000元，工资只剩下一千多，去掉必要的开销，再怎么省吃俭用也不够呀！虽说礼尚往来，以后自己结婚就能收回来的，但眼前的日子真不知道怎么挺过去。思来想去，小曲打算给每个人包200元红包。

谁知，去参加婚礼那天，小曲和老同学坐在同一桌，听说大家的红包都是500元，他怕丢人，只好悄悄往红包里又放了300元。

随不随礼，随多少，要看关系和自己的经济状况，两个人关系比较近，自己手头也宽裕时，就多随些，如果不是这样就少随点儿。礼尚往来可以增进人和人之间的关系，但钱不是维系感情的唯一纽带。

逢年过节，人们都渴望回家与亲人团聚，可是，走亲访友、探望长辈，送礼物是不可避免的，既然是送礼，当然不能太寒酸了，别的不说，包装首先就得“高端、大气、上档次”。可很多时候，礼盒里的东西不见得比散装的好，价格却贵得离谱。精美的包装用处不大，扔了还可惜。这样的面子钱应不应该花呢？这是许多人感到头疼的问题。

董先生平时工作比较忙，很难抽出时间回老家走亲访友。今年中秋节，他打算回家一趟，给亲友们带些月饼。自己平时吃的散装月饼挺好，但送礼总不能提着塑料袋吧，得买带礼品包装的。于是，他去超市和商场转了转，这一转不要紧，看着像样点儿的月饼礼盒，少说也要三四百元一盒，里面的月饼一般就四块，顶多六块，包装的成本远远超过了月饼本身。这要是买个十盒八盒的，一个月的薪水恐怕就没了。

董先生和朋友说起这事，朋友给他出了个主意：网上有专门卖各式礼品盒的店，可以去网上选一些，然后再买一些品质好的、独立包装的月饼放在礼品盒里，这样既经济又实惠，还不伤体面，不是很好吗？董先生听了朋友的建议，回家的时候，他的礼物得到了亲戚朋友的一致认可。

常言道：“千里送鹅毛，礼轻情意重。”买礼物不必买太贵的，只要别致，有意义就够了。送家人、长辈、领导、朋友的礼物，最好根据他们的实际需求出发，这样一来，对方满意，自己的压力也会小一些。

◎ “活着不孝，死了乱叫”

人们常说：〝百善孝为先。〞〝孝〞是一个人最值得称颂的品质。在有些地区，人们非常讲究厚葬，老人去世后，一定要把丧事办得热热闹闹、体体面面的，否则就会被视为不孝，未免要招别人白眼和闲话。有些人明明生活不富裕，也不得不大办丧事。

一个人孝不孝顺，不只表现在为老人送终这一件事上，还要看平时对老人是否尊敬、关爱和赡养。老人在世时不管不问，去世后就算花再多的钱，也无非是办给别人看的，与孝顺有什么关系呢？〝活着不孝，死了乱叫〞这句话讽刺的就是那些在父母生前不尽孝，死后却哭得死去活来的子女。

有一个不孝子拒绝赡养母亲，因为老人向他借了几百元钱没有还，他竟然将62岁的母亲拒之门外，老人一气之下服毒自杀。儿媳没有因老人的去世而感到悲痛，更看重的反而是自己的面子，她说：“丧事必须得好好操办，否则村里人会看笑话的。我们借了4000多元钱，准备给老人办丧事用。”因为老人借了几百元钱没有还，儿子竟然将老人拒之门外，老人气愤得自杀，儿子和儿媳却不惜举债办丧事。这种无耻的事简直是闻所未闻！

还有一对老夫妻，他们的五个儿子都已长大成人，有当干部的，有经商的，也有汽车专业户，混得都不错。可在赡养老人的态度上，他们却惊人的一致：谁也不想管。最后好不容易达成一致意见——每人每月拿出50元钱作为老人的赡养费。可怜两位老人用这点微不足道的钱艰难地生活着。没过多久，老太太因伤心和饥饿的折磨去世了。这一下，五个儿子争着表孝心，说什么“我们在外头都是有头有脸的人，老人的丧事必须得风风光光地办，可不能让别人看笑话”。随后，五个儿子每人拿出 5000 元钱大操大办，把亲戚朋友和街坊邻居都请了来。大家看着桌上的山珍海味，再看看老人枯瘦的面容，心里万分难过。想当初，老人每天在破房子里吃着馒头和咸菜，几个儿子却整天吃香喝辣，连赡养费都推来推去。如今，老人去世了，他们宁愿每人拿出 5000 元来摆酒设宴，这算哪门子孝心?

对待父母，应该重在“厚养”，而不是“厚葬”。与其在老人去世时讲排场，大操大办，还不如孝在平时，妥善安排好老人晚年生活，让老人颐养天年。如果能够做到这一点，即使老人去世后的葬礼办得简单一点儿，老人泉下有知，也会心安的。“活着不孝，死了乱叫”，表面上看着孝顺，实际上都是为了自己的面子。

有一个老人常年卧病在床，儿女们个个在病床前尽心侍奉，老人临终前特意嘱咐：“我死了以后，你们千万不要大操大办，简简单单地火化就行了。我知道你们都孝顺我，即便死了，我也没什么好遗憾的。”老人去世后，儿女们办了一场简单的葬礼，将老人送走了。尽管葬礼简单，但邻里和乡亲没有一个人觉得他们对老人不尽孝道。

“慎终追远”的意思是，子女除了要慎重地办理父母的后事，还要虔诚地祭拜祖先。清明祭祀扫墓是中国人的传统，扫墓是为了寄托哀思，烧些纸钱未尝不可，但有的人除了纸钱以外，竟然还烧纸做的别墅、豪车、iPhone 手机、LV 包、麻将桌、冥府笔记本电脑……有的人见亲戚朋友在扫墓时买这些东西，怕自己不买没面子，也跟起风来。于是，祖先竟成了他们攀比的工具了。先人已经离去，烧再好的东西都没有意义。

修葺祖坟原本也是无可厚非的事，可有些人修葺祖坟恐怕并不是出于孝，而是寄托着升官发财的美梦。在他们眼里，升官发财是承蒙祖宗阴德庇佑，就算做了什么缺德事，只要修葺祖坟，哄祖宗开心，就能保佑自己平安无事。或许正是基于这种心理暗示，不少人才愿一掷千金，大修祖坟。

无论是办丧事，还是祭祀祖先、修葺祖坟，最重要的都是虔诚之心。不要把排场和物质当成孝顺的证明，更不要通过尽孝之事去追求权力和财富。

04 >> 攀比真能带来快乐吗？

◎ 你花钱，是给别人看的吗？

人的虚荣心、爱面子有两种比较极端的情况，一种是自尊心太强，俗称“脸皮薄”，这种人非常注重脸面，不愿意屈从别人，遇到困难也不愿意开口求助。另一种是好胜心太强，贪图虚名，喜欢炫耀，总想把别人比下去。

自尊心太强的人往往很脆弱，受不了挫折，也不好意思主动争取，因而容易错失机会，如果能让自己学着脸皮厚一点儿，他们的人生就会是另一番景象。好胜心太强的人不容易满足，总想跟人比个高下，这种性格容易使人盲目。综上所说，这两种性格都会做出“死要面子活受罪”的事。

有个女人买了件名贵的貂皮大衣，每次穿出去，别人的眼光都会停在她身上，这让她觉得特有面子。一天，朋友对她说：“貂皮大衣那么漂亮，相比之下，你脚上的鞋子就太一般了。”女人马上去买了双漂亮的靴子，可买了靴子，又觉得身上的裤子和毛衫太影响档次，于是又去买了高档的裤子和精美的毛衫。后来，老公开车送她上班，她忽然觉得老公的车太普通，应该换台档次更高的。把车换了以后，冬天过去了。到了第二年冬天，女人发觉那件貂皮大衣的款式不太流行了，可去年冬天，她把家里的积蓄都折腾得差不多了，想再折腾也没那能力了。这时，女人觉得自己活像一个被衣服牵着走的木偶。

自尊心强的人，心理上是自卑的，而好胜心强的人，心理上是自恋的。自卑和自恋，本质上都是懦弱。为什么这么说呢？因为自卑的人总担心别人看不起自己，而自恋的人总是担心别人看不到自己的长处。

有这样一个故事：小贩想把手里的鸟儿卖给一个有钱人，这只鸟儿很名贵，可无论小贩怎么吹嘘，有钱人都不愿意买。后来，小贩想了一个办法，他做了一个非常漂亮的鸟笼，送给了那个有钱人。有钱人很开心，把鸟笼挂在大门口，往来的人们都夸鸟笼漂亮，有的人问："鸟笼这么漂亮，为什么不养只跟它匹配的鸟儿呢？太可惜了。"有钱人一听，马上去小贩那里，把那只鸟儿买了回来，放在了鸟笼里。

有的人之所以会变得贪婪，就是因为虚荣心过度膨胀。不过，虚荣也有积极向上的正面意义，它最起码可以体现出一个人对现状不满，希望达到更高的目标。而他们期望达到的目标往往是社会认可的、具有较高价值的东西。一个人不可能以虚荣来满足较低的，或者已经满足的需求，因为人们期望的往往都是难以达到的目标和事物。

同样，自卑也有一定的积极意义，心理学家阿德勒认为："人们所有的成长动力与行为目标，旨在追求安全和克服自卑感。"确实如此，许多通过奋力拼搏改变了现状，获得成功的人，都曾有过自卑的岁月。

人都有自尊心，可以说也都有虚荣心。自尊心好比一颗种子，捧在手心里是没用的，很容易枯萎、死去，应该把它放进生活的土壤里，历经磨难才能茁壮成长。因此，当你的实力还不够的时候，就要通过努力去满足自尊的需求，愤恨和不满是没有用的，只有你变强了，才能更好地维护自尊。

◎ 别把房子当面子

如今，房子是人们绕不开的热门话题。房子原本是指供人类居住、从事社会活动或供其他用途的建筑物，是人类最基本的生活资料，可近些年来，它被人们贴上"面子""必需品""安全感"等标签，已不再是建筑物或住所那么单纯了。

在有些成功人士眼里，房子是身份和地位的象征，所以在买房时，他们最注重的就是"档次"问题。在电影《大腕》中，就有这样一段对白：

"……一定得选最好的黄金地段，雇法国设计师，建就得建最高档次的公寓。电梯直接入户，户型最小也得400平方米。什么宽带啊、光缆啊、卫星啊，能接的都给它接上。楼顶花园儿，楼里有游泳池，门口再站一英国管家，戴假发，特绅士那种，业主一进门，甭管有事儿没事儿，都得跟人家说：‘May I help you, sir？’一口地道的英国伦敦腔，倍儿有面子！社区里再建一所贵族学校，教材用哈佛的，一年光学费就得几万美元。再建一所美国诊所，二十四小时候诊，就一个字儿——贵，看感冒就得花个万八千的。周围的邻居不是开宝马就是开奔驰，你要是开一日本车，你都不好意思跟人家打招呼。你说这样的公寓，一平方米得卖多少钱？”

“我觉得怎么着也得两千美元吧。”

“两千美元？那是成本，四千美元起，你还别嫌贵，还不打折！你得研究业主的购物心理，愿意掏两千美元买房的业主根本不在乎再多掏两千，什么叫成功人士？成功人士就是买什么东西都买最贵的，不买最好的，所以我们做房地产的口号就是——不求最好，但求最贵！”

对那些买房时不考虑性价比，只一味追求〝档次〞的人来说，这段台词无疑是莫大的讽刺。虽说电影是虚构的，但在现实生活中，为面子而买房的现象并不少见。

在有的人眼里，房子是生活必需品。就拿结婚来说吧，〝有房〞是某些丈母娘的硬性标准之一，有些女孩也认为，没房子就没安全感。曾有新闻报道说，有个女孩因男朋友买不起150平方米的房子，便与他分手了，相恋多年，因为这个原因分手，实在令人唏嘘。安全感不是房子带来的，未来的路很长，只要两个人肯共同努力，何愁过不上幸福的生活?

佳佳和丈夫都在北京工作，当初打算结婚的时候，两个人曾因为贷款买房还是租房结婚的事犹豫不决。那时候，两人收入不高，手里的积蓄也不够付首付，虽然双方老人都愿意拿出积蓄帮忙，但他们不想给老人添麻烦，更何况以后每月还贷款的压力也不小。两个人不想做房奴，于是决定租房结婚，等以后收入提高了，再考虑买房的问题。

于是，两个人在距离各自单位不远的地方租了套房子，开开心心结了婚。虽然是租来的房子，但两个人把房子收拾得温馨别致。婚后，两个人照常享受生活，偶尔出去旅行，购物的时候也没有太大压力。后来，为了出行方便，他们买了台二手车。亲戚朋友知道两个人租房结婚，买的还是二手车，难免有说三道四的，但他们互相劝慰，谁也没有放在心上。

几年以后，佳佳的丈夫升了职，佳佳的工资也涨了许多。两个人经过一番盘算，买了一套60多平方米的小房子。买房以后，还贷没给他们带来太多压力，两个人的生活还是一如既往。看着身边有人不顾一切买房、买大房，结果生活变得紧巴巴的，他们为自己当初的选择感到庆幸。

佳佳和丈夫不愿做“啃老族”，面对别人的闲言闲语时又能彼此安慰，虽然是在租来的房子里结的婚，但谁能说他们不幸福呢？

地产界大腕潘石屹曾说：“任何一个人和家庭，尤其是对中国人来说，如果经济上承担得起，最好是早点儿买房子，买不起大房子就买小房子，买不起新房子就买旧房子，有了自己的房子，就有了家的感觉。自己的心里踏实了，父母和长辈也放心了。这和投资没有关系，这是中国人的文化。”

把〝经济上承担得起〞作为买房的前提，这一点是非常值得认同的。

在电视剧《蜗居》中，女主角海萍说过的一段话，令人印象深刻：〝每天一睁开眼，就有一连串数字蹦出来，房贷六千，吃、穿、用两千五，冉冉上幼儿园一千五，人情往来六百，交通费五百八，物业管理费三百四，话费两百五，还有煤气、水、电费两百……也就是说，从我苏醒的第一个呼吸起，我每天要至少进账四百，至少！这就是我活在这个城市的成本，这些数字逼得我一天都不敢懈怠。〞因为还贷而整日忧心忡忡，影响了生活质量，实在划不来。

至于〝有了自己的房子，就有了家的感觉〞，这倒未必。幸福生活是靠家庭成员共同经营的，不管是大房子、小房子，还是租房子，装修豪华也好，简单也好，只要能遮风避雨，整洁干净就够了。

道理虽如此，可面子那道坎儿却总有人迈不过去。就像过去人们比谁家有自行车，谁家有彩色电视机一样，如今，人们比较的对象换成了房子，光有房子还不够，要是别人说面积小、地段差什么的，有的人就受不了。

欣欣和老公住在某二线城市，两人结婚的时候，按揭买了个 80 多平方米的房子。有一次，几个朋友聚在其中一个人的家里吃饭，欣欣在桌上说：“大家有时间去我家聚聚吧，我们俩都会做饭。”

有个朋友听了以后，半开玩笑似地说：“去你家？咱这么多人，坐得下吗？”接着，她又对桌上的其他人说，自己和老公又买了套房，地段和环境都好，又是大户型，等搬了家，欢迎大家去玩儿，去十几二十个人都不是问题……

欣欣和老公特别下不来台，连饭都没吃完就找了个借口起身走了。其实他们也想过换套大户型的房子，可买了这套房以后，他们手里已经没有多少积蓄了，况且他们还打算要孩子，要换大房子，负担就更重了。如今，欣欣的老公见老婆在别人面前丢了面子，心里当然不是滋味，想来想去，他终于咬着牙，换了套大房子。这下面子是有了，不过，以他们现在的状况，每个月光是还贷就已经相当吃力了，至于孩子，他们连想都不敢想，所以这事只能一拖再拖了。如果当初不换大房子，两个人手里有些存款，不仅可以早点儿要孩子，还能做投资，出去旅行，尽情享受生活，何必像现在这么累呢？

俗话说："人比人，气死人。"有房的，看到别人房子更大，就想要大房，有了大房子，看到别人住别墅，又想要别墅。没车的，看到别人有车，就想买车，有了车，看到别人的车更好，马上又想换更豪华的……这山望着那山高，最终只能把自己的生活弄得焦头烂额，疲惫不堪。知足常乐，珍惜已经拥有的东西，要比盲目追逐快乐得多。人要为自己而活，不要攀比任何人。别让面子阻碍我们的快乐，放下面子，才能活得轻松自在。

◎ 奢侈品并不能让你"高大上"

"奢侈品"一词属于舶来词，英文为"luxury"。包括《牛津字典》在内，多部权威字典对“奢侈品”一词的定义比较中性，总结起来，奢侈品有三个属性，即好的、贵的和非生活必需的。

从欣赏的角度来说，某些奢侈品的确非常有美感，甚至称为艺术品也不为过，不过说到价格，恐怕是大多数人难以承受的。在发达国家，人们消费奢侈品已经有很长时间的历史了，除了考虑自身的购买能力以外，人们更注重的是品质和文化。与之相比，在逐渐成为奢侈品消费大国的中国，很多人的消费心态并不成熟，为了满足虚荣心而购买奢侈品的大有人在。

近些年来，中国人对奢侈品的消费热情越来越高，很多处在拼搏和奋斗阶段的年轻人也开始热衷于消费奢侈品。

卓先生今年34岁，是一家公司的白领，每月收入在两万元左右。按理说，在二线城市，这样的收入应该过得相当滋润才是，可卓先生直到今年才按揭买房，在此之前，他没有积蓄，一直都是“月光族”。

由于在国外留学时接触奢侈品的机会比较多，从那时起，他就对奢侈品情有独钟了。

参加工作以后，他买的第一件奢侈品是一个价值近万元的名牌包，精致的做工和特别的气味令他深深着迷，从那以后，他便一发不可收拾了。在三年时间里，他接连买了5个名牌包，其中不乏稀缺的限量版。之所以接二连三地买，是因为他喜欢与众不同，看到有人和自己拿同款的包，他心里就觉得不舒服。

除了名牌皮包以外，卓先生对大牌的衣服、鞋子、首饰和护肤品也很热衷，三年时间，他在奢侈品上的消费已经超过了

30万元。

最近，他在市区繁华地段买了一个小户型的公寓，每月要还房贷近6000元，如果再像以前那样买奢侈品就供不起房了，于是，他痛下决心，要戒掉购买奢侈品的瘾。可用惯了奢侈品的他，对那些便宜的东西根本就看不上眼了。直到这时，他才深有感触：太早接触奢侈品没有好处，一来财力上撑不住，二来用惯了真的很难戒掉。

用自己赚的钱去买一件品质上乘、自己又非常中意的东西，通过自我包装获得别人的尊重，这是无可厚非的。要是不顾自身的经济条件，花几个月甚至大半年工资去买一件奢侈品，难免会使自己的生活陷入窘境。奢侈品也许能给人带来幸福感，但这种感觉是短暂的，也是不牢靠的。一个人的消费方式应该和自己的经济能力相匹配，如果财力有限，还一味追求奢侈品，只会使自己沦为它的奴仆，更有甚者，还会为之付出沉痛的代价。

近期，有一则题为"挪用公司220万元竟为买奢侈品"的新闻报道：

小娜今年29岁，在一家公司任会计。一天，大学同学通知她去参加同学聚会，她毫不犹豫地答应了。上大学时，她就是全校公认的美人，再加上打扮入时，许多男孩都把她当成女神，女生们有的羡慕，有的忌妒，总之，她在所有同学眼里都是光彩照人的。可没想到，这次聚会竟令她颜面尽失。

小娜发现，一些在大学里并不引人注意的女同学，现在一个个都变得趾高气扬的，她们要么是有份体面的工作，要么是嫁了个有钱的老公，谈论的焦点多半集中在名牌首饰、衣服、化妆品、皮包等方面。虽然小娜一向注重打扮，但跟她们身上光鲜的名牌相比，还是觉得矮人一头。看着从前总围着自己转的同学，现在都向有钱人靠拢了，一向是众人焦点的小娜心里非常不平衡，可她能怎么办呢？就凭她每个月的那点儿工资，连个名牌包都买不起。

一次做账的时候，她不禁动起了邪念。她利用公司的财务漏洞，在账面上做了些手脚，挪用了几万元钱买了一身名牌衣服。由于公司后来也没发现，小娜的胆子便越来越大，挪用的钱也越来越多。一天，财务部经理通知小娜给客户汇款100万，小娜不禁傻眼了。此时，她已经挪用了200多万公款，公司的账户里只剩下几十万，根本无法给客户汇款。见事情瞒不住，小娜无奈之下，只能想办法拖延。她说客户信息有误，但谎言很快被财务主管拆穿了。

接着，公司老总亲自对小娜下了通牒，限她在一个礼拜之内把亏空的钱补上，可那些钱早被小娜挥霍一空，哪里还得上呢？公司见联系不上小娜，便报了警。最终，警察在小娜的家里找到了她，只见她的床上到处都是名牌包，除此之外，她家里还有好几个衣柜和鞋柜，里面都是名牌衣服和鞋子，好几件还是知名大品牌的当季新款。

据小娜说，是那次同学会让自己对奢侈品着了魔。起初，她挪用公款的时候难免胆战心惊，但当她穿戴一身的奢侈品出现在同学面前时，那种受人瞩目的感觉足以令她把所有罪恶感抛在脑后。

小娜因涉嫌挪用资金罪被警方刑事拘留了，等待她的后果可想而知。

小娜的悲剧，不禁令人联想起《孔雀爱尾》的故事：有一只美丽的雄孔雀，它有一条能令所有画家都钟情的美丽尾巴。这只孔雀生性爱忌妒，见到衣着华丽的人，就忍不住追过去啄人家。孔雀极其珍视自己的尾巴，不管在哪里歇脚，总要先把尾巴安置好，才能安心休息。有一天下雨，孔雀见尾巴被雨水淋湿了，就停下来避雨，这时，猎人瞄上了它，举着枪向它逼近，孔雀因为舍不得尾巴被淋湿，说什么也不愿飞走，结果被猎人捕获。

为了没有意义的东西，虚荣的孔雀失去了自由和生命，虚荣心的危害可见一斑。

人的自尊不是通过物质来维护的，如果自尊心扭曲，就会变得虚荣，从而陷入盲目攀比的泥潭，久而久之，难免失去自我。与其去争虚幻的面子，不如努力去充实自己的内在。

◎ 当孩子也成了攀比的工具

你是否遇到过类似的事：几个孩子在一块儿玩耍，有个孩子唱了首歌，得到了大人们的赞美，于是，其他孩子的父母也要求孩子唱歌。听话的孩子纷纷表演起来，可有的孩子就不那么“听话”了，不管父母怎么诱导，孩子就是不愿意配合。于是，父母变了脸色，严厉地指责孩子：“你到底唱还是不唱？

再这样不听话，我生气了啊！你们看看，这孩子就是胆子小，真没用……”

父母数落孩子，觉得别人的孩子都表演了，自己的孩子如果不表演，别人一定误以为孩子不会。同样是孩子，比别人差怎么行呢？事实上，你的孩子是否会唱歌，人家根本没那么在意，你跨不过去的只是自己的面子。

刘女士的女儿乐乐今年上五年级，学习钢琴已经四年，现在水平也不错。在乐乐上四年级的一次年级演出中，刘女士坐在最前面，女儿一袭长裙，陶醉的表情以及优雅的动作，加上动听的琴声，赢得台下观众的阵阵喝彩。刘女士拍了女儿弹奏的照片发到朋友圈，没多久就获得几十个赞。刘女士陶醉其中。

但前段时间的一次班级活动让刘女士很困扰。数周之前，乐乐的班级组织了一场活动，不少“身怀绝技”的孩子都表演了自己拿手的节目，口琴、武术、小提琴，种类多样，但乐乐却因为班级无法提供钢琴，自己家的钢琴也无法搬到学校来而不能够表演才艺，闷闷不乐了好多天。

刘女士很郁闷，本来打算好好打扮一番，前往女儿的班级接受众多家长的称赞，结果没去成。让孩子学钢琴的初衷是陶冶情操，那些会弹钢琴的女孩气质文雅高贵，刘女士希望自己的女儿将来也能有那样的气质。可她现在越来越懊恼了，不为别的，就是因为钢琴太大，没办法轻易在众人面前施展。

不少父母把希望寄托在孩子身上，给孩子最好的教育，报无数兴趣班，想让孩子事事都做到最好。但这样的苛刻教育，会促使孩子产生不现实的完美心理，对自我价值心存疑惑。如果让孩子养成这样的习惯，做事生怕自己给父母“丢人”，就会形成恶性循环。

爱攀比的家长培养孩子，大多数时候不是为了孩子，而是为了自己。名义上是爱孩子，实际上是为了减轻自己内心的焦虑，或者发泄不满。这时候，孩子在父母眼里不是一个需要爱护的人，而是一件供人观赏的东西或者一件商品。

大人之间不能攀比，大人对孩子更不能如此。有些家长喜欢拿自己的孩子和别人家的孩子进行比较，原因无非就这两种：一种觉得别人的孩子永远比自己的孩子好，还有一种觉得自己的孩子永远比别人的孩子好。对孩子来说，家长的攀比是一种严重的伤害。认为自己的孩子好，会使孩子产生高高在上的优越感，影响孩子和小伙伴之间的相处。认为自己的孩子不好，孩子受到的伤害更大。

人生有一种遗憾，叫作“你看看人家的孩子”——你看看人家彤彤长得多好看，你看看人家小明的数学学得多好，你看看人家李阿姨的孩子都去德国留学了，你看看人家某某，英语过了八级，你说说你，怎么就不学学人家……

有些时候，孩子已经做得很好了，可家长看不到孩子的进步，只是盲目地拿自己的孩子和别的孩子比。你用自己孩子的缺点去和其他孩子的优点比较，这对孩子公平吗？如果孩子的努力长期被忽视，孩子很可能会认为：“我都努力了，可爸爸妈妈还批评我，那我干脆不努力好了。”自信心一再受打击，想重建起来是很困难的。因为无法找回自信，很多孩子索性破罐子破摔。

如果父母眼里的“优秀”的标准就是孩子能够在父母需要面子的时候能挣到面子，那孩子还有自我吗？难道你想让自己的孩子一辈子都像演戏一样，任人摆布、毫无主张吗？

很多时候，孩子的不自信都源自家长的比较。也许家长是有口无心，但他们说的话会像咒语一样，在孩子的生命中时时出现。与其花时间、精力拿自己的孩子去和别人家的孩子比较，不如抱抱孩子，和他们聊聊天，投给孩子一个支持和信赖的眼神。

◎ 不要总与人争高下

在现代社会，人人都要面对竞争，一旦参与竞争，就会分出成败高下。胜了自然是好事，如果被人比下去了呢？遇到这种情况，谁都不可能无动于衷，尤其是好胜心强的人。奋发向上是值得赞赏的，但凡事都不能太过。好胜心强的人无法接受别人超过自己，为了把对方比下去，他们往往会想方设法，甚至不择手段。

晋武帝统一全国后，大臣们把奢侈当作体面事，斗富之风盛行一时。在当时的京城洛阳，一共有三个著名的巨富——羊琇、石崇和王恺。羊琇、王恺虽是外戚，权力大于石崇，但比起财富来，他们都不如石崇，这使他们两个人心里头一直很不舒服。石崇的钱财是从什么途径得到的呢？原来，在荆州担任刺史期间，为了积聚财富，石崇不断搜刮百姓，而且还劫杀往来的使节和货商，手段极其残忍。

虽然在洛阳城中，人人都知道石崇和王恺富可敌国，但他们却丝毫不满足，总想着怎样做才能显示自己比对方更有钱。

石崇听人说王恺家的下人在刷锅的时候居然用饴糖水，于是马上命人拿蜡烛当柴烧。这件事一传开，人们都评价石崇家比王恺家阔气。王恺当然不甘示弱，为了炫耀自己富有，他命人在家门前的大路两旁，夹道四十里，用紫丝制成屏障。想要去往王恺家里，必须从这四十里长的紫丝屏障经过。如此奢华的装饰，使得洛阳城街头巷尾人尽皆知。为了压倒王恺，石崇命人用香料来粉刷墙壁，而且还用彩缎设下五十里屏障，要知道，彩缎比紫丝更为名贵。

很明显，在这次斗富中，王恺又略逊一筹。可是，他不但不肯低头认输，反而向他的外甥晋武帝求助。晋武帝如果有帝王之风，就应该劝舅父即刻停止这种奢侈浮华的变态行为，然后在全国整治奢靡浪费的邪风。然而晋武帝并没有这样做，反而觉得这样的比赛挺有趣，于是从库里拿出一株西域进贡的价值连城的珊瑚树，高度差不多有两尺，把它送给舅父，让他去跟石崇斗富。

王恺得此皇家奇珍后，自信心瞬间倍增，比阔气的劲头更足了。他立刻遍邀群臣到家里饮宴，当然也包括石崇。席间，王恺志得意满地对众人宣布："各位同僚，鄙人家中有一株珊瑚，世所罕见，你们想不想一饱眼福啊？"在众人期盼的目光中，王恺命令侍女把珊瑚树捧了出来。那株珊瑚长得枝条匀称，色泽粉红鲜艳，实为难得的极品。大臣们看过之后交口称赞。

石崇冷笑一声，随手从桌上拿起一只铁如意，朝那株珊瑚砸去，周围的官员们都大惊失色。王恺看到自己的王牌宝物毁于一旦，气急败坏地责问石崇："你……你这是干什么？"

石崇嬉皮笑脸地回道："这么个破东西，值得你生那么大的气吗？要是你喜欢，我赔你一株就是了。”随后，石崇立刻叫他随从的人回家去，把他家的珊瑚树统统搬来让王恺挑选。不一会儿，一群随从搬来了几十株珊瑚树。这些珊瑚中，有六七株的高度甚至达到了三四尺，而且每一株都枝条鲜艳，令人叹为观止。

这一下，王恺终于明白，自己的财富无论如何都不能与石崇抗衡。

石崇与王恺的斗富以石崇的胜出而告终，由此石崇的豪富天下皆知。当时有一个大臣傅咸，对这一现象痛心疾首，于是上奏晋武帝，说这种严重的奢侈浪费，比天灾还要严重。现在这样比阔气、比奢侈，不但不被责罚，反而被认为是荣耀的事，这样下去对国家的长治久安不利。晋武帝看了奏章，根本未予理睬，反而跟石崇、王恺一样，一面加紧搜刮，一面穷奢极侈。西晋王朝在这样的腐败氛围中，很快就衰亡下去了。作为斗富胜利者，石崇也没有落得好下场。八王叛乱时，赵王伦看中他的家财，把他杀了。

总是与人争高下，不但自己累，周围的人也累。有的人好胜心强，无时无刻都想与周围的人比较，一旦有人超过自己，就恼羞成怒，因妒生恨。忌妒别人，自己的日子也不好过。

《三国演义》中的周瑜才智超群，但心胸狭窄，容不得别人比自己强，对比自己高明的诸葛亮更是耿耿于怀，常常想置其于死地。后来，诸葛亮将计就计，三气周公瑾，使这位年轻英武、具有文韬武略的东吴大都督“赔了夫人又折兵”，恼羞成怒，吐血而亡。临死之前，他还仰天长叹：“既生瑜，何生亮！”

当自己忌妒别人时，要有正确的心态，忌妒有明确的指向性，可以把它转化为一种激励自己前进的动力。发展优点和长处，靠努力赶上对手，仔细反省是什么引起了自己的忌妒。

《巴马修道院》这部数十万字的世界名著，司汤达只用了短短52天就完成了。如此惊人的创作速度，在世界文学史上极为罕见。巴尔扎克在《立宪报》上读到此书描写滑铁卢战役的一章时，情不自禁地说："我简直起了忌妒的心思，是的，我禁不住醋上心头，我为《军人生活》梦想的战争，如今人家写得这样高妙、真实，我是又喜、又痛苦，又迷、又绝望。"尽管巴尔扎克如此"忌妒"司汤达取得的成就，却写了《司汤达研究》，在这本书里，他对《巴马修道院》毫不掩饰地赞赏，之后，司汤达写信表示祝贺他的成功，并以此作为自己写作的动力。

对于司汤达的杰出成就，名满天下的大作家巴尔扎克既羡慕又忌妒，不过他还是和司汤达成了好朋友。放下忌妒之心，从别人的成功里吸取经验，这才是对自己最有好处的做法。

◎ 如果朋友过得比你好

生活中经常会出现比我们境况好的人，我们要摆正心态，不要一味地羡慕别人的成功和精彩。当身边的朋友取得成功时，我们应当衷心地为他们高兴，而不是打翻五味瓶，自己找不痛快。

20世纪90年代经典情景喜剧《我爱我家》里有这么一个故事：当年与贾志国一起在少年宫学艺术的同学如今都有了名气，有的成了名作家，有的成了书法家，有的成了大画家，只有贾志国始终籍籍无名。

在同学会上，贾志国喝得大醉，心想，那些同学以前混得都不如自己，困了就在他们家阳台忍一宿，渴了就从自来水管接点儿凉水喝，那时候，他们的作品只能用来包书皮。他们写书、画画都是吃饱了撑的！活着到底为了什么？挣钱才是真格的。可后来，那些人一个接一个地发达了，有名、有钱，还有地位。

贾志国忌妒那些人的房子、豪车、红木家具，可对于他们对社会做出的贡献，他却完全忽视了。当晚，贾志国自问："你活着到底是为了什么？"

什么才是真正的朋友？真正的朋友，是看你比他生活得更好时，能坦然接受这一切，而且能大方送上祝福。然而，很多人都是因为不满对方比自己过得好，于是友谊的小船"说翻就翻"了。

小齐和小鹏原本是一对要好的朋友，小齐遇到不顺心的事情，会找小鹏出来诉诉苦。起初，两个人的生活状况差不多，对于小齐的烦恼，小鹏一向好言宽慰。后来，小齐的事业渐渐有了起色，小鹏和他之间的关系却变得微妙起来。

一天，小齐说："有家公司想挖我过去，虽然和我以前学的专业不同，但考虑以后的发展空间能大一些，我准备试试。"

小鹏说："别扯了，你现在这样不是挺好的吗？你除了干这行以外，还能干什么呀？”

小齐听他这么说，心里有些别扭，不过没有反驳，后来，他坚持了自己的决定。

小齐发觉自己和女朋友的性格不太适合，打算分手，可心里又有些犹豫，就去找小鹏，希望能从他那里得到开解，结果小鹏冷冷地哼了一声，说：“喜新厌旧了呗，想换就换啊，和我说得着这些吗？”

小齐不愿意失去友谊，一再迁就小鹏，可小鹏再也不像过去那样开朗和乐观了，取而代之的是抱怨和指责。不管小齐说什么，小鹏都要抢白他一顿，然后说一些刺伤他的话。

朋友之间应当互相理解和鼓励，而不是“看到你过得不好，我就放心了”。我们都很清楚自己想从朋友那里获得什么，是尊重。攀比是没用的东西，一个人是不可能靠压低别人来提高自己的。

许多人都把阿姆斯特朗看成登上月球的第一人，其实，与阿姆斯特朗同时踏上月球的还有另一个人，名叫奥尔德林。那张著名的登月照片就是奥尔德林拍摄的。更多的名誉落在了阿姆斯特朗身上，可奥尔德林没有因此而愤愤不平。

在一次庆祝宴会上，有记者问奥尔德林：“登上月球的是你们两个人，可人们都说阿姆斯特朗是第一个踏上月球的人，你是怎么想的？”奥尔德林幽默地说：“我是第一个从月球回到地球的人。”

他的豁达赢得了人们由衷的敬意。

任何精彩和成功的背后都沉淀着酸楚、融入了心血，我们要看到自己的优势，过自己的生活。人生的意义在于实现自我价值，这种人生要比追求财富地位的人生充实得多。在自己力所能及的范围内尽力改善现状，就是最大的成功。

05 >> 该暴露的终究会暴露

◎ 贫穷是掩饰不住的

有人喜欢炫耀、喜欢攀比，比家庭、比外貌、晒关系、晒贵重物品。爱炫耀的人，最终目的只是让别人羡慕他、崇拜他。如果你想知道一个人内心缺少什么，那么只需要看他在炫耀什么；如果你想知道一个人自卑什么，那么只需要看他在掩饰什么。

人的自尊需要维护，这是可以理解的，但凡事都不能太过。一个人在精神和物质上的需求尚未达到或无法达到的时候，心里就会产生失落感，虚荣就是在这种情况下产生的。虚荣是为了掩饰自己的欠缺、无能和自卑，掩饰与他人和社会的差距，并期望获得社会影响力和他人的好感，是一种心理上的安慰和补偿。

人的自尊心太强，容易堕入虚荣的怪坑，就像过去有个笑话里讲的那样：

一个大叔收入不多，家里有三个孩子，生活很困难，可他十分爱面子，虚荣心很重。每次出门，他都用一小块藏在门后的、用了好几个月的猪肥膘擦擦嘴。这样，出门时他嘴上就油光光的了。他觉得嘴上有油，别人就会羡慕他每天都吃得特别好。这样一来，他的心里就会非常满足。

有一天，大叔正在众人面前炫耀自己每天都能吃到肉，他的儿子光着身子跑来，大声嚷道："爸，我妈让你赶紧回家一趟。"

"出什么事儿了？大惊小怪的！"

"那块擦嘴用的猪肥膘被邻居的猫给叼去了。"

"什么？那你妈怎么还不赶快出去追呀？"

"我妈已经三天没吃饭了，哪有力气追呀？"

众人一听，顿时大笑。大叔在哄笑声中低着头，回家去了。

因为贫穷，大叔一家吃不到肉，可他不想被人看穿自己的窘境，就用猪肥膘抹嘴来满足自己的虚荣心，着实让人替他感到难为情。

这是一个很老的笑话了，人们本应引以为戒才是，可如今，现代版"猪肥膘"故事仍旧频频上演：由于虚荣心作祟，工薪阶层不惜攒上几个月的工资，也要买部苹果手机；几千上万的大牌包买不起，就去买几百元的高仿品；高仿也买不起的，竟然去买印着大牌商标的包装纸袋，假装自己买过很多名牌。网上有店家专门售卖各大奢侈品牌的高仿纸袋，没什么用处的纸袋，售价竟达几十元至上百元。即便如此，还是有很多人趋之若鹜，使得网店一度断货。有的买家在评论中说："礼品袋跟专柜的一样，用来装东西倍儿拉风，好像自己真买了个'路易威登'一样！"

买不起大牌，却偏要买一堆带有名牌商标的包装纸袋来充门面，这些人和那个用猪肥膘抹嘴的大叔简直是如出一辙，都虚荣到了病态的程度。

还有些人更是病入膏肓，虚荣心得不到满足，竟不惜以身犯险。网络上就曾报道了这样一条新闻：有一个20多岁的男子家里很穷，因为手机不高档而感觉没面子，就到手机卖场假装买手机，趁店员不注意，竟然抢了两部苹果6手机，然后转身逃跑，结果出门跑了5分钟就被店员抓获了。

面子不能没有，但如果通过牺牲尊严来获取的话，还有意义吗？

虚荣心强的人无法忍受经济上的贫穷，既然无法忍受，就应当想办法摆脱贫穷，不能把心思都用在伪装和攀比上。再说，贫穷并不是罪过，也没什么丢人的，一个人在经济上贫穷，并不表示他一无所有。很多人为了理想和自由，甘愿过着清贫的生活，比如庄子。

一天，魏王召见庄子，庄子裹着件缝补过的粗布衣裳，又用麻绳绑着那双快要露出脚丫子的破鞋子，就去了。魏王见庄子这副模样，揶揄道："先生怎么混得这样潦倒？"庄子说："我贫穷，但不潦倒。读书人舍弃理想和信念，那叫潦倒，衣服破烂只能算贫穷。我之所以沦落到这般田地，是因为生不逢时。你看山里那些猿猴，从这棵树上跳到那棵树上，多么自由，连箭法最精准的猎人都没办法捉住它们，可它们一旦到了茂密的丛林里，就小心谨慎起来。这是因为，环境变了，它们受到限制，自然不能任意施展。如今这世道，君不君，臣不臣，我自然看起来狼狈。其实我算不错的了，您忘了，当初比干丞相被昏庸的纣王剖开胸膛，把心都挖走了！"

虽说在魏王面前，庄子很有骨气，但事实上，庄子确实穷，而且是穷到了极点。

有一次，庄子家里实在揭不开锅了，就去河边钓鱼。有两位楚国的大夫来到河边，代表楚国国君请他去当大官。那时候，楚国是各国之中最富庶的，去那里当大官，是多么风光啊！假如庄子答应了，往后的日子必定是锦衣玉食，享不尽的荣华富贵。可是，面对这样的条件，庄子拿着鱼竿，连头都没回，只说了这样一个故事："我听说楚国有只神龟，已经活了三千年了，国君用华丽的绸缎把它包好，放在了竹匣子里，敬放在宗庙之上。你们说，神龟是愿意在烂泥里自由自在地觅食呢，还是愿意被杀掉，放在宗庙之上呢？"两位大夫说："当然是愿意留在烂泥里。"

庄子拒绝了楚王，甘愿继续过贫穷的生活。在庄子看来，他这是用物质的贫穷，换得了精神上的自由。

想要生活幸福美满、衣食无忧，这是很正常的需求，但凡事应当适可而止，如果因为追求一样东西而失去了自由、快乐和生命，那还有什么意思呢？

托尔斯泰讲过这样一个故事：有一个农民希望得到一块属于自己的田地，地主便站在自家的田地里对农民说："你早上从这里开始往前跑，每跑一段距离，就在地里插一面旗子，要是在日落以前返回来，插上旗子的田地就都归你所有。"

听了这话，农民高兴极了，于是不停地往前跑啊跑。由于贪心，他累得精疲力竭，好不容易才在日落以前赶了回来，可是，就在他返回原地的时候，却一头栽在地上，再也没有站起来。村子里的人只好挖了个坑，将农民就地掩埋，并且感叹了一句：一个人究竟需要多少田地呢？现在这么大就够了。

人拥有的物质越多，顾忌也就越多，与此同时，自由的空间可能就会越来越小；不追求物质，就不会有太多顾忌，这样一来，反倒能享受到更多的自由。无论是追求物质也好，追求精神自由也好，只要能活得真实、活得坦然、活得轻松，就是幸福的。

◎ 参加同学聚会不用装相

同窗情谊简单纯真，十分可贵。时隔多年，忽然有一天收到同学聚会的消息，想必每个人的心情都很激动，想去看看大家现在的模样，了解他们的近况，一起回忆过去的纯真岁月，像以前那样无拘无束，畅所欲言……

聚会之前，免不了要精心准备一番。爱面子的人遇到这种事，更是有的忙了，老同学面前，无论如何都不能跌份儿，平时舍不得买的衣服，买！人家可能都开车去，我没有，也买不起，怎么办？要么租，要么借，反正不能骑自行车去。

2015 年十一长假，崔某接到一个电话，高中时候的老班长通知他去参加同学聚会。阔别十年，大家终于要聚在一起了，崔某高兴得连连应允。电话里，他向班长询问了同学们的近况，听起来，大家混得都不错。相比之下，崔某不禁有些自卑，他现在工作还算稳定，不过手头没多少积蓄，至今还和父母住在一起，车也没有买上。

为了不在同学面前丢脸，他思来想去，找朋友借了辆好车。聚会当天，大家兴致高昂，推杯换盏之后，男同学聊起了他们最关心的话题。

有个同学对崔某说："现在混得挺好嘛，车不错！"

崔某故作谦虚，说："一般吧！本来还打算去欧洲度假，不过老同学聚会，我哪能不来呢？过一阵再去。"

另一个男同学说："我准备明年换车。"

大家你一言、我一语，只有小林一直默不作声。聚会结束，崔某有些喝高了，准备打车回家，这时，小林快步走上来，说有事找他商量。

两人上了出租车，小林说，自己工作不顺，至今没房没车，不久前，女朋友给他下了最后通牒，再不买房买车，就要和他分手。临别之际，小林终于开口，问崔某借钱。

崔某一开始还满不在乎地问："需要多少？"

"10万。"

听到这里，崔某的酒立刻醒了一半："啊？我也是打工的，拿不出那么多，再说，我也准备买房子结婚呢！"

见小林言辞恳切，崔某再也不忍心欺瞒，把实情告诉了他："我的车是跟朋友借的，刚才在酒桌上说的那些话，都是吹牛的。"

不料，小林根本不相信他的话，还埋怨崔某："不想借就算了，何必编谎话呢？"

崔某无奈，只好带小林回家，看到破旧的楼房、拥挤的屋子，小林终于信了。

事后，崔某心想："完了，同学们现在大概都知道我吹牛了，以后算是没脸见面了。幸好没把老婆本借出去，要不然更惨。以后再也不能吹牛了，容易惹麻烦。”

见同学用不着伪装，崔某没钱充有钱，借好车，又吹牛，让同学都以为他是有钱人，同学遇到困难，当然想找他帮忙了。穿帮之后，他反而闹了笑话。如果不装有钱人的话，怎么会发生这种事呢？

如今的同学聚会确实不像小时候憧憬的那样了，男同学喜欢在聚会上比社会地位、比收入、比车。女同学则关心谁年轻，谁保养得好，接着就是比穿戴、比房子、比老公、比孩子……比较来比较去，有的人的心理就失去平衡了。

上高中时，小赵是班里数一数二的好学生。大学时，他的成绩也很优秀。毕业后，他几经周折，才找到一份相对满意的工作。三年以后，他的职位升了，薪水也涨了不少。收到高中同学的聚会邀请时，他欣然赴约。阔别多年，同学们再次相见，心情都很激动。吃饭时，大家互相询问近况，气氛很融洽。这时，一个男同学问起小赵的收入，小赵坦然回答：“税后7000元左右。”

那个男同学半开玩笑似地说：“上学时，我不爱念书，老师对我不理不睬的，连我爸我妈都说我没出息，记得那时候，大家都喜欢拿你来反衬我，结果搞得我一见你就自卑。高中毕业，我没考上大学，在社会上兜兜转转三四年，总算找了条门路，做起了生意，如今算是小有所成吧。不瞒你说，你现在一个月的工资，还不够我请别人吃顿饭的。我总算能把头抬起来啦，哈哈！”

这番话把小赵说得满脸通红，没等大家说话，那个男同学紧接着又说："今天这顿饭我请了，谁也别跟我客气，想吃什么喝什么，尽管叫！"

很多同学欢呼起来，赞叹之声此起彼伏。接下来，大家纷纷起身，向那个男同学敬酒。身边的几个同学见小赵尴尬，便低声劝了几句，小赵不自然地笑了笑。见同学们像众星捧月一样，围着那个男同学恭维，小赵心里很不是滋味，找了个借口提前走了。

从那以后，只要是同学聚会，他一概不参加。有一次，大学同学组织聚会，得到通知后，小赵找个理由拒绝了。后来，又有几个大学同学给他打电话，听说大学时对自己最好的老师也会参加，小赵有些心动，可一想起上次的高中聚会，他马上打消了念头。

后来，一个要好的大学同学给小赵打电话，聊起那天的情景："你没去真是太可惜了！我们原本打算AA制，找个大点儿的酒店聚餐，不过后来没去。老师说得对，在哪儿聚都是一样，大家毕业时间还短，手里没多少钱，去酒店不划算，他邀请我们到学校去聚，在校园里走走，再去食堂吃个饭，正好可以回味过去……"听同学意犹未尽的语气，小赵知道，自己错过了一次珍贵的聚会。

上高中时，成绩优异的小赵也许是那个男同学的"阴影"，所以他在多年以后，还把小赵当参照物，想通过比较收入来找到平衡，发现自己比小赵收入高得多，他终于扬眉吐气了。事实上，他的这种比较很盲目，因为无论是过去，还是现在，比较对他和小赵都没有任何实质性的意义。人和人之间有太多的差异，所以并没有可比性。真的要比，也要看自己与以往相比有没有进步，这样才更实际、更公平。

对于同学的那些话，小赵无须耿耿于怀，当别人的炫耀让你反感的时候，你可以用"嗯""不错""可以"这类最简单、最苍白的话去回应，他发现自己不受人关注，自然就会觉得无趣，不会再说下去了。如果实在觉得气氛不好，转身离去就是了，没必要把所有的聚会都推掉。错过了大学同学的温馨聚会，多遗憾啊！昔日的同窗事业有成，其实是件好事，送上祝福，同时也激励自己奋发向上，这才是健康的心态。

北野武是日本的著名导演，他曾说起这样一件事：在成名之前，他非常渴望买辆好车。成名以后，他买了一辆保时捷。按理说，当年的愿望终于实现了，应该感到开心才是，可他却觉得，现在的感觉和当初的想象有天壤之别。为什么呢？原来是因为他开车的时候"看不到自己开车的样子"。

为了满足自己的想象，他专门请朋友来帮忙开车，然后自己打辆出租车，紧跟其后。在出租车上，北野武对司机说："看，那是我的车！"

这个故事耐人寻味，如果是真的，我们或许可以理解为：每个人都有虚荣心，就连艺术家也不能免俗。不知当时那位司机做何反应？如果他一脸艳羡的话，北野武肯定觉得很满足，如果司机只是淡淡地回一个"哦"呢？估计北野武会很失落吧。

在爱面子的男人眼里，车可远不只代步工具那么简单，一辆好车，能体现男人的身份、地位、财富，甚至能撑起有些男人的自信。当然了，对于爱面子的女人来说，车也是有很多特殊意义的。

生活中，很多人都被虚荣所困。虚荣心有强有弱，小小的虚荣看起来没什么危害，可一旦滋长起来，往往会引起很多麻烦。

有的人平时很少用车，可见身边的人都有车了，为了证明自己买得起，就跟风买车。结果新鲜几天后，车就放在一边，很少开了。

齐先生和妻子商量买车。齐先生说："身边很多同事都买车了，别人有的，咱们怎么能没有？"妻子认为，他们家距离各自的工作单位不足20分钟的公交车程，平时也很少有用车的地方，买车以后的保险、油钱等费用算下来不少，所以现在买车对他们来说不仅没有多大用处，反而可能成为包袱。可齐先生听不进去这些劝告，坚持要买。买就买吧，妻子建议买一辆10多万的，可齐先生非要买20多万的，说单位只有女的开10多万的小车，男的要么不开，要么就是20万以上的，否则开出去没面子。

自从成了有车族，齐先生原本平静、悠闲的生活全被打乱了。停车的烦恼让他成天心神不宁，他住的地方临街，是一栋老式综合楼，没院子，更没车库，平时只能把车停在楼前的空地上，没有安全感。坐在家里，只要听见报警器的声音，他就忍不住跑到窗户边探出脑袋往下瞄。特别是夜里，一听到楼下有动静，他就会惊醒，本能地跑到窗前往外张望。有天下楼开车时，齐先生瞥见车的发动机盖子上有一道长长的划痕。

纠结了几天之后，齐先生决定以后不开车了，反正也用不着。他想把车卖掉，但一问价钱要损失好几万，太不划算，他只好租个车库把车停了进去。后来又听朋友说，车闲置久了会出毛病，得经常开出去遛遛，还得定期保养。

妻子烦了，奚落他："你就是瞎折腾，花钱买个累赘，如今还得花钱为这个累赘租车位，像爹一样供着。"

本来就窝火的齐先生听了妻子的唠叨，气不打一处来，两个人闹了口角。就这样，自从买了车，齐先生就平添了一块心病。

有的人买车，是抱着一种"别人有，我也得有"的心态，在他们看来，身边的人都有车，自己如果不买，就好像买不起似的，为了证明自己买得起，就决定买车。然而，买车时除了要考虑车自身的成本以外，还要考虑日后的养车成本，养车成本包括停车和养护等各项费用，还包括耗费的精力和时间。如果没考虑这些问题，很可能陷入"买得起车，养不起车"的窘境。

有的人经济能力有限，为了攀比，他们宁可借钱，或者贷款，也要买辆车，结果影响了正常的生活不说，还会被巨额的费用拖入痛苦的深渊。

网上就有这样一则新闻：吴某在一家小公司上班，看着周围的朋友们都买了车，他心里痒痒，总感觉有落差。他与妻子的收入加起来每月只有5000元，除了平日开销，所剩无几。尽管这样，他仍想拥有一辆自己的车。他与妻子商量，认为可以减少平日的聚会费用，再加上些积蓄，最终实现分期付款买车。吴某的想法得到了妻子的同意，反复选择后，他们决定购买一款别克轿车，售价近30万元。于是，他们去银行办理手续。由于两人的收入都不高，只有联名才能办理信用卡分期付款，一个月需要还4000余元钱，他们也同意了。

提车的那天，吴某别提多高兴了，四处约朋友出来玩儿，主要是为了“展示”一下他的新车，朋友们也对吴某刮目相看。然而，接下来的日子，却是吴某始料未及的。

虽然有了车，但是需要还贷款，两个人的生活质量急剧下降，每月还需要父母的资助。慢慢地，两个人就经常因为钱的事儿发生争吵，甚至连妻子买一件200元的衣服，吴某都会不高兴，“有那钱还得还贷款呢！”妻子则表示，如果不是吴某要买车，家里的经济就不会出现问题。

三个月后，两个人车贷就还不上了。最终他们冲动地决定离婚，并将车卖了10余万元分了，但是透支信用卡的费用，两人却谁也没还。当银行找到他们的时候，他们的话如出一辙：“车不是我买的，别找我。”

最终，银行以两人恶意透支信用卡报案。女方当即被警方抓获，但吴某知道消息后逃跑了，被当地警方网上通缉。吴某被抓获时，早已将卖车的钱挥霍殆尽。接受警方审讯时，他总是不由自主地说：“都是好面子惹的祸！”

为了面子买车，吴某透支了信用卡，结果贷款换不上，不但面子没了，还要进〝局子〞。真正的面子是靠自己的本事挣来的，车或许能满足一个人一时的虚荣心，但却未必能带来面子。买车时一定要量力而行，别把撑面子当成首要目的。

◎ “有面子”和“不要脸”

在《说“面子”》一文中，鲁迅先生写道：

一个绅士有钱有势，我假定他叫四大人吧，人们都以能够和他攀谈为荣。

有一个专爱夸耀的小瘪三，一天高兴地告诉别人道：“四大人和我讲过话了！”

人问他：“说什么呢？”

答道：“我站在他门口，四大人出来了，对我说：‘滚开去！’”

当然，这是笑话，是形容这人的“不要脸”，但在他本人，是以为“有面子”的，如此的人一多，也就真成为“有面子”了。别的许多人，不是四大人连“滚开去”也不对他说吗？

在这里，鲁迅先生提到了两个词，一个是“有面子”，另一个是“不要脸”。从这个笑话中，我们可以看出，脸和面子这两个词是有区别的。

“脸”除了表示面部以外，还表示一个人的尊严、荣誉感、正义感和羞耻感，而“面子”是一个人用来衡量自我期许与他人的评价是否一致的心理过程或结果，从外在表现上看，它体现为社会对一个人的认可程度。面子这个词本身是中性的，但在使用上，它既有中性的意思，也有贬义，比如，“死要面子”就是形容一个人很虚荣。

脸代表着一个人的道德底线。说一个人不要脸，那是极其严厉的批评，因为它往往表示一个人做了丧失尊严或者有损社会道德的事；而不要面子，是指一个人不在意别人对他的评价，或不注重社会对他的认可，这并不损伤尊严，也不违反社会道德。由此可见，"面子"实际上是个人尊严和社会尊重的终极体现，而"脸"是一种底线。"面子"并不是每个人都希望获得，而"脸"是任何人都不希望失去的，必须尽力去维护。也就是说，做人可以不要面子，但绝对不能不要脸。如果要面子到了连尊严都不顾的地步，那结果很可能是既丢了面子，又丢了脸。

《孟子》中有一则著名的寓言，讲的就是这样一个故事：

有个齐国人，家里有大小两个老婆。齐国人每次出门，都酒足饭饱地回家。妻子问他一道吃喝的是些什么人，他说，全都是些有钱有势的人。

妻子对他的妾说："丈夫出门，总是酒醉肉饱地回来，问他和些什么人一道吃喝，据他说来全都是些有钱有势的人，但我们却从来没见到什么有钱有势的人物到家里来过，我打算悄悄地看看他到底去些什么地方。"

第二天早上，她便尾随在丈夫的后面，走遍全城，没有看到一个人停下来和她丈夫说话。最后他走到了东郊的墓地，向祭扫坟墓的人要些剩余的祭品吃，不够，又东张西望地到别处去乞讨，这就是他酒足饭饱的办法。

他的妻子回到家里，对他的妾说："丈夫是我们仰望并终生依靠的人，现在他竟然是这样的！"

二人在庭院中咒骂着、哭泣着，而丈夫还不知道，得意扬扬地从外面回来，在他的两个女人面前摆威风。

齐人背着妻妾去墓地吃祭祀的酒肉，不够吃就向人乞讨，他做这种丢尽脸面的事情，竟然回去以后向妻妾吹牛，说自己整天和有钱有势的人来往，每天吃得酒足饭饱。他以为这样就能让两个女人觉得他了不起，从而敬重他。人都有虚荣心，也都想有面子，毕竟谁都不想被人看不起，可也不能因为要面子就连最起码的尊严都丢掉了呀！试想，一个连尊严都不要的人，怎么可能有面子呢？

要面子是以自尊为前提的，如果没自尊，就谈不上面子。要面子是很正常的需求，但过犹不及。爱面子的人往往有较强的虚荣心，很注重自己的形象和别人对自己的看法。这是一种复杂而矛盾的心理，它一方面是自信的，另一方面又是不安和自卑的。

鲁迅先生笔下的阿Q也是一个“死要面子活受罪”的典型。

在阿Q看来，有权有势、有钱、有名望，这就是有面子。正因为他死要面子，才会用精神胜利法来安慰自己饱受摧残的内心。阿Q成了面子的奴仆，为了让自己能心安理得地活着，他明明挨了打，却硬说自己没有吃亏；明明受了侮辱，却硬说自己讨了便宜；在被赵太爷打骂之后，通过“儿子打老子”这样的话来安慰自己……他想通过意淫来获得尊严，可除了更多的耻笑和凌辱之外，他什么也没得到。

弱者往往是最爱面子的一群人，越没本事，就越想要面子。常听有的人说“给我个面子”，面子是怎么得来的，是别人给的吗？

面子并非生来就有，也不能从天而降，更不是跟人要来的。想有面子，想让人给你面子，得自己去挣。当你有了值得别人敬重的资本时，人家自然会敬你、给你面子。如果你没有那个资本，人家看不起你，凭什么给你面子？所以，真正有自尊的人是不会跟别人要面子的，想要面子，就自己去挣。等你有了足够的本事，有了足够的自信，就算别人不给面子，你也不会在意，因为你本身已经有面子了，不需要别人给。

◎ 不要不懂装懂

对一件自己不了解的事物，正确的态度应该是坦诚面对和虚心求问。可有的人觉得，承认自己不懂，不就等于说自己无知吗？那怎么行！为了掩饰自己的不足，他们不但死不承认，还要装模作样一番。

从前，有个北方人，到南方去做官。刚到南方，肯定有许多事情弄不明白，如果虚心请教别人，也许并不难懂。可这位先生却不想去问别人，他认为，那样显得自己太无知、太没面子了。他宁肯不懂装懂，结果惹出笑话来。一次，地方上有个乡绅请他去做客，大家聊得很开心，这时，仆人送上一盘菱角。这位北方人没吃过菱角，又不好意思问，主人家又一再请他先尝，无奈，他只好拿起一只菱角放进嘴里。主人看他连壳都没剥就吃下去，感到很奇怪，于是问他说："菱角要剥了皮才能吃的，你怎么整个丢到嘴里去呢？"这人明知自己错了，却还死要面子，不懂装懂：“哦，我初到南方，水土不服，之所以连壳一块儿吃，是想去去火。”主人说：“还有这种说法吗？我从未听过。你们那儿菱角很多吗？”那人答：“当然，多得很呢！山前山后到处都是。”菱角原本是在水里长的，这人不懂装懂的样子，令主人大笑起来。

每个人都有自己的专长，不可能对任何事都精通，正所谓"闻道有先后，术业有专攻"。遇到不懂的问题并不丢人，如果不愿承认，不懂装懂，结果闹出笑话来，那才真的丢人。有些时候，不懂装懂不只丢人，还会害人损失钱财。

方大爷每月退休工资6000多元，两个儿子都有车、有房，事业有成。方大爷特喜欢收藏古玩，经常收看古玩鉴定类的节目，还查阅收藏类的书籍，口中常常叨念“器形”“包浆”之类的术语。

一天，他打算去古玩市场“淘宝”，在路边看见一个灰头土脸的男子，面前摆放着三个小物件。他突然眼睛一亮，立刻走上前去仔细端详。只见这个物件全身裹金，上面似乎还有一些未及清除的泥土和铜绿，其中一个破损了一小块，露出好像白玉的质地，虽然天色暗了下来，但是依稀可以辨认出是马、羊、龟的形状。

“这是金包玉啊，哪里来的？”

“山西地窖里挖到的。”那个自称姓穆的外地人说。

“我出1200元，你卖不卖？”

经过一番讨价还价，方大爷最终以2700元的价格买下这三件古董。男子称家里还有一个，一小时后，方大爷又以1800元的价格买下一只玉兔。交易后，他还留下了自己的电话号码，并告诉男子：“如果还有货的话，再联系我。”

方大爷回到家，反复摩挲着淘来的物件，为自己“捡了大漏”而欢喜不已。哪知有一天，他把宝贝拿出来向几个藏友炫耀，其中一个藏友断定，方大爷手里的物件都是仿品。方大爷急了，又找了几个“高手”帮自己鉴别，结果大家都一致认定是假货。这下，方大爷傻眼了，可这是路上碰到的骗子，上哪儿讨回公道呢？只能把苦水往肚子里咽。

古玩行里有许多托儿，他们和古玩商勾结起来，专门给一些自以为是的收藏者下套。死要面子的人被他们一架就找不着北了，有时甚至还把自己当成行家、专家，结果往往花大价钱买了假东西。

对自己不懂或者不确信的东西，要能坦白承认，如果碍于面子不懂装懂，被人识破了丢人还是小事，要是再因此蒙受损失，那就太不值了。

06 >> 是真朋友，就不怕“得罪”

◎ 感情深浅，与喝酒没关系

中国人敬酒的技术几乎到了登峰造极的水准。酒桌上最常听到的一句话就是：“你不喝，就是不给我面子。”对于爱面子的人来说，这句话是最有杀伤力的。

很多人明明不善喝酒，可对方毕竟是同事、朋友、亲友，低头不见抬头见，而且人家把话说到这个地步，怎么办呢？只能舍命陪君子了。不少人习惯用喝酒来验证感情，敬酒时，如果对方来者不拒，说明给面子，如果不喝，就是看不起自己。

外地来宁做生意的新郎张先生和新娘杨小姐在双方亲朋好友数十人的祝福下，在宾馆喜结良缘。简单仪式之后，宾客都入席畅饮。酒过三巡，新郎的哥哥张某来到新娘弟弟杨某的身旁，一阵寒暄之后，两人举杯互敬。几杯下肚，张某有点儿不支，欲停止喝酒。

此时，杨某酒兴正浓，哪肯罢手，张某碍于情面，又是几杯下肚，后实在支持不住，张某便提出退出酒席。此时，也有几分醉意的杨某面露不悦，数落张某不给面子。于是，两人便借着酒劲争执起来。众人好言相劝，可是两人越打越勇。

正当众人试图将两人拉开的时候，张某抓起桌子上的啤酒瓶朝着杨某的头部砸了下去。杨某头部顿时血流不止。新郎新娘担心事态严重，急忙求情，希望双方停止冲突。而此刻，两人已经如同相见的仇人一样分外眼红，杨某气得掀翻了桌子，张某则举起凳子，大有不打败对方誓不罢休的意思，甚至连双方的亲朋在劝架中也出现了对立的势头。

眼看着喜事变成了群殴，新娘杨小姐急得哭了起来，新郎张先生无奈之下报了警。民警和酒店的保安急忙赶到现场，在众人的劝说下，双方才渐渐平息下来。众人赶紧将受伤的杨某送到附近的医院救治，而这场喜宴也最后不欢而散。

喝酒是为助兴，敬酒时对方拒绝，就不要勉强，人与人之间的关系不能靠喝酒来验证。无拘无束、自由自在地喝酒，才是享受。

为了不得罪人，很多人硬着头皮喝酒，其实没必要这样。酒品能说明人品，但酒量不说明能力。别人拿"感情深一口干，感情浅舔一舔"这种话激你的时候，不用磨不开面子。有感情会不顾虑你的健康，强人所难吗？把你当朋友的人能故意把你灌醉，让你当众出丑吗？

黄某今年28岁，是一家企业的普通职员。经人介绍，他认识了一位本地的姑娘，两人情投意合，成了男女朋友。春节时，女朋友带着黄某回家见父母和亲戚。年三十晚上，女朋友的父母和亲戚聚在一起吃年夜饭，由于黄某是第一次来家里吃饭，对方的态度很热情，席间频频敬酒。

黄某酒量不好，平时也很少出去应酬，但碍于对方不是长辈就是亲戚，他也不好说什么，只能一杯接一杯地把酒喝光。几杯酒下肚，黄某的脑子晕乎乎的，想吐又吐不出来，难受极了。这时，女朋友的妹夫又向他敬酒。黄某说自己已经不能再喝了，可对方不依不饶，说不喝就是不给面子。黄某只能硬着头皮接着喝，这天晚上，他吐了一宿，第二天又在家里躺了一天。

无论在什么场合、什么环境，如果不能为自己做主，吃亏受罪的只能是自己。分寸是自己把握的，决定是自己做的，只要你不愿意做的事，就不要受别人强迫。做什么事都要有限度，酒还是适量而止的好，毕竟身体健康才是第一位的。

◎ 不想参加的应酬，不必勉强自己

很多人都遇到过不好推辞的邀请，有的是因为工作，有的是碍于情面，所以只能勉强去应酬。适当的应酬无可厚非，但如果超过了自己的负荷，就应当想办法回绝，否则不仅浪费了自己的时间，还会损害身体健康。

小月在一家公司负责客户的联络工作，经常陷入各种各样的应酬中无法抽身。有时候，公司领导带她去和客户一块儿吃饭，她酒量不好，却又不好意思不喝。吃完了饭，大家又提议去唱歌，她明明不喜欢那种喧闹的场合，但因为不好意思拒绝，每一次都熬到三更半夜。

有一次，小月因为感冒，嗓子发炎，当领导打来电话，要她参加饭局的时候，小月说明了情况，回绝了。没过多久，领导又再三打电话请她过去，小月不好意思推辞，只好硬着头皮去了。在酒桌上，没人劝她喝酒，但是到了夜总会时，大家都要求小月唱几首歌，小月无论如何解释，大家都听不进去。

事后，小月住了一个礼拜的院，听同事说，领导知道她病了，便叫其他同事去应酬客户了。小月心想：为了无谓的应酬，自己这又是何苦呢？生病了之后才发现，工作并不是无人可以取代，自己的身体健康才是第一位的。

喝酒在应酬中在所难免，如果不胜酒力，或是酒后有可能失态，最好一开始就勇敢说〝不〞。如果不想去应酬，不妨坦诚地把自己的困难说出来，相信在大多数情况下，别人都不会勉强你的。拒绝应酬的办法多得是，你可以说，很久没陪父母了，前几天已经答应他们，要回去一起吃饭，或者说自己最近身体不适等，拿出这种理由，一般人都不会再勉强你的，如果还是硬拉着你去，这样的人还是敬而远之吧。身体健康是无可取代的，为了工作牺牲健康不值得。

小惠所在的单位从各个科室中选出了几个长相比较漂亮的、有气质的女孩儿，组成了一个业余的公关组。在单位需要陪领导或贵宾的时候，她们就是主角了，被选中的很多女同事都觉得自己很幸运，因为她们可以借此机会接触到一些领导级的人物，但小惠却不这么想。

第一次去的时候，小惠并没有意识到自己是什么角色。老板的助理打电话过来，让她化点儿淡妆，把头发好好盘一下。可她去了才发现，陪的都是一些不认识的男人，介绍过后，也记不全人家姓什么。

老板介绍她们时，说："这几个可都是我们单位业务能力最强的姑娘，才貌双全的金牌员工。"当时，小惠还傻得以为是自己业务能力强，被老板看中是好事，后来才知道，这不过是"公关语言"，老板才不管你能力强不强，重要的是你有没有酒量。每个姑娘面前放着两只杯子，一只装白酒，一只装啤酒，想喝个茶水饮料，对不起，没有。姐妹们说，以前有姑娘把喝进嘴的酒吐到茶杯里，所以现在连茶杯都不给上了。

饭局的气氛很活跃，领导不停地要求女下属们敬酒。敬酒的时候得有眼色，什么时候倒酒，什么时候敬酒，谁先敬，谁后敬，先敬谁，后敬谁，敬谁的时候需要毕恭毕敬，敬谁的时候可以稍作敷衍。小惠以前没见过这种场面，这次见了，觉得很反感。

酒过三巡，男人们开始毫无顾忌地讲黄段子。小惠想假装听不懂都装不出来，那些段子都老掉牙了，他们还在那儿兴致勃勃地讲。有一个客户喝高了，"啪"地一举半瓶白酒，说喝不喝，喝了我就跟你签，生意给你做，不喝说什么都白扯。为了工作，酒必须喝。总不能把老板喝倒吧，几个姑娘只好轮番敬酒。这一次，小惠醉得一塌糊涂。

小惠所在的城市不大，其他单位都知道小惠她们这群女孩出去陪酒的事，渐渐的，就有了很多难听的风言风语，小惠觉得自己的名声都毁了。几次公关活动下来，她再也不想去了。可霸道的领导不管她家里有没有事，都要求在接到电话的第一时间去陪酒。为了躲避领导的电话，她一下班就关机。一到关键时候，领导就找不到她，这当然使她在单位的处境非常不利，小惠觉得自己除了辞职以外，再没别的办法了。

人生当有取舍，如果陪酒在你看来是触犯了底线的事，那就果断拒绝，别勉强自己，想想看，最坏的结果顶多就是丢了工作，没什么大不了的。每个人都有自己的原则和底线，曲意逢迎是很痛苦的，不如选择遵从自己的内心。

◎ 不要冲着情面给人做担保

与人交往时，互相帮助是应该的，不过有时候，别人求你办的事令你很为难，比如亲戚朋友想贷款，找你做担保，或者托你找工作，介绍对象，这种事应该怎么处理呢?

吕先生在一家制造厂工作，是厂里的车间主任。最近，家里有个远方亲戚托他在厂里找份工作，小伙子今年22岁，念过技校，但因为打架斗殴，被学校开除了。吕先生听家人说过，这孩子上学时不省心，而且花钱大手大脚，吕先生担心他恶习难改，就找个理由推辞了。可是，孩子的父亲第二天就打电话来，一再求吕先生念在亲戚的份儿上帮帮忙。吕先生不好驳长辈的面子，就勉强答应了。因为小伙子一没学历，二没工作经验，按厂里规定，是不能录用的。吕先生找人事部门疏通了关系，把小伙子招进了厂。

刚进厂的前几天，小伙子表现得还不错。可不出半个月，他干起活儿来就不那么用心了，整天拿着手机，不是上网聊天，就是打游戏。一开始，同事们知道他是主任的亲戚，都尽量忍着他，可久而久之，很多人都看不过去了，找吕先生反映情况。吕先生本人非常敬业，和上下级关系处理得都不错，遇到这种事，他觉得很过意不去。他提醒了小伙子几次，可对方根本不放在心上，还说：“咱们是亲戚，你干吗相信别人说三道四？”

没过多久，小伙子就开始无故旷工，有一次，因为同事指责他工作失误，他竟然动起手来，把那个同事打伤了。他见事情不妙，就脚底抹油——溜了，此后再也没露面。

吕先生为此被厂里批评，在车间里的威信也受了不少影响。他打电话跟小伙子的父亲说明情况，可对方竟反过来埋怨吕先生，说他不念亲情，不肯多担待。过年时，吕先生回老家，那家人见了自己，就像见了陌生人一样。吕先生好意帮忙，却弄得里外不是人，心里别提多后悔了。

亲戚朋友有难能帮忙的应该帮，但要量力而行。帮是情，不帮是理。如果因为你没有能力帮忙，对方就埋怨你、责怪你，那这种人还有来往的必要吗？亲戚朋友求你帮忙介绍工作时，如果了解对方的工作能力和人品，而且自己又力所能及的话，帮忙并不是坏事。如果不能确定，这种忙最好还是不要帮。中间人要同时担负双重责任，不管哪一方出了问题，结果都很有可能像吕先生那样，夹在中间难做人。至于其他牵线搭桥的事，道理也是如此。

如果你因为顾念情面而答应做中间人，结果可能失去的不只是钱。

家住福建某县的男子黄某与严某是好朋友，有时会因为生意资金周转不灵，向对方借钱，但都自觉还款。2013 年 3 月，黄某因为购买布料缺乏资金，打算向当地农村信用合作联社借款，想到严某与自己关系较为密切，就找到严某希望其为自己提供担保。作为兄弟，严某见朋友有难，二话不说便在保证借款合同上签字，黄某得以顺利地从县里的农村信用合作联社借到 3 万元钱。

到了 2014 年 4 月，黄某的借款到期，信用社再三催促，始终未果。信用社转而要求严某承担连带偿还责任，身为担保人，严某只好履行担保义务，本金加利息，合计是 30633 元。随后，严某找黄某催讨这笔钱。想不到，黄某觉得已经有人替自己还了贷款，自己乐得轻松，就不打算还钱了。他把严某拉进了“黑名单”，从那以后，就再也不肯露面了。

面对严某的追讨，黄某一开始以各种理由不见面，后来干脆人间蒸发了。严某到黄某家讨要钱款，黄某亲戚表示黄某不在，也联系不上。无奈的严某只能向当地法院起诉，要与昔日的“兄弟”对簿公堂。

帮人做贷款担保人这种事，一定要想清楚，贷款是有一定风险的，有可能还上，也有可能还不上。还上了还好，还不上呢？只能由担保人承担。如果你想帮忙，就要做好替对方偿还的准备，没有这个准备就不要答应。

◎ 有话直说，才能有效沟通

语言的主要目的是传达信息、表明态度，在保证礼貌和尊重的前提下，尽量直白一些，才能更有效地沟通。然而，中国人说话办事向来习惯了婉转和客套，很少直来直去。

有一个笑话是这样说的：

军队里，一个士兵的父亲死了，消息传到连队时，士兵们正在操练。连长把那个士兵叫出队伍，告诉他说："你父亲去世了。"长官得知此事，对连长说："以后说话别太直了，你那样说，对战士打击太大了，人家受不了。"后来，连队里又有一个士兵的母亲去世了，连长想起长官的话，便对战士们说："母亲还在世的，向前走。"紧接着，对那个母亲去世的士兵说："你，站在原地，别动了。"

考虑到对方的感受，说话时适当婉转一些是理所应当的，不过像笑话里那样兜圈子就没必要了。

除了适当婉转之外，说话也不要过分客套，否则大家猜来猜去，很容易引起误会和矛盾。比如，有人到你家里做客，送你一份礼物，你心里很高兴，可表面上却推辞，几次三番，推来推去，人家难免会犯嘀咕："这是跟我客套，还是真的不想收呢？不想收的话，是怕欠我人情，还是压根儿就不愿意跟我来往呢？"

很多人不好意思说出心里话，殊不知，对方一而再，再而三地找你帮忙，也许正是抓住了这个弱点。

珊珊在一家私企做文员，因为性格比较外向，人缘很好。和朋友同事相处，谁都免不了偶尔需要借钱周转，对此，珊珊基本上都不会拒绝，大多数人都能按时把钱还给她，只有一个姓韩的同事让她很头疼。珊珊和小韩在一个办公室，相处一年多来，两人的关系一直都不错。和珊珊一起出去吃饭时，她说钱不够，回单位给，可之后就没了下文，拜托珊珊帮她网购衣服，事后也不说还钱的事儿。

刚开始，珊珊以为小韩是忘了，再加上钱也不多，她就没放在心上。可次数多了，珊珊的心里难免有了疙瘩，因为钱虽然不多，但毕竟是自己辛苦赚来的。

几天前，正在休假的小韩又给珊珊打来电话，托她帮忙给周末结婚的同事带一份礼金。想到她以前欠自己的钱连提都不提，珊珊想当场拒绝，可又一想，同事之间的关系不好闹得太僵了，就答应了下来。

小韩上班以后，似乎又把欠钱的事儿给“忘”了。珊珊委婉地提醒了小韩一次，小韩嘴上说还，可几个星期过去了，还是迟迟不见她还钱。珊珊很纠结，明着要吧，拉不下脸，怕伤感情，暗示得太委婉了吧，她又不当回事儿……

小韩一再找理由借用姗姗的钱，而且每次都不还，这明显是想利用姗姗磨不开面子的弱点，故意为之。既然小韩已经答应还钱，说明她是认账的，那么姗姗不妨让她打个欠条，并注明还款期限，这样一来，就会省去很多麻烦。欠款的数目不大，相信小韩不至于为了这么一点儿钱而背上赖账的坏名声。

别总顾着对方的感受如何，很多时候，对方没你想象的那么脆弱。在请求帮忙之前，很多人都已经做好了被拒绝的准备。干脆地拒绝别人，是尊重双方的时间。直接说不行就好，找太多理由反而是对别人不尊重。

与人交往时，我们不妨坦率一些，心里怎么想，就怎么说。

有一个博学的老者深居简出，很多人仰慕他的学问，想去拜访他。老人并不拒绝访客，但他有一条规矩：每次和人见面时，他都要限定谈话的时间，有时是20分钟，有时是半小时，有时是一小时。时间一到，老人会很自然地说："对不起，时间到了，我要去工作了。"

访客即便再不情愿，也会尊重此前的约定。每位来访的客人都很感激老人，虽然停留的时间很短，但正因如此，他们才觉得自己获得的知识格外宝贵。

生命是自己的，时间也是自己的，尽可能地让时间属于你，由你支配，而不要让他人来浪费、占有、挥霍你的时间。人与人之间的交往需要真诚和坦率，我们不妨有话直说，因为这种沟通方式有利于双方互相尊重、平等相处。

◎ 请客吃饭别总"不差钱"

在小品《不差钱》里，本山大叔想请毕姥爷帮忙，因为手头没什么钱，又顾及面子，便给小沈阳扮演的餐厅服务员一百元钱，让他和自己一起演戏，以免毕姥爷点太贵的菜。结果，本山大叔的"抠"，连身为"同伙"的小沈阳都看不下去了，于是讽刺道："人不能把钱看得太重，钱乃身外之物，人最痛苦的事情你知道是什么吗？人死了，钱没花了。"本山大叔马上回敬道："人这一生最最痛苦的事你知道是什么吗？人还活着呢，钱没了。"

生活当中，请客吃饭在所难免，如果条件不充裕，应该怎么办呢？

小周有两个朋友从外地过来找他玩儿，可他最近手头比较紧，怎么办才好呢？想来想去，他决定用团购的办法，这样一来，不管是吃饭、唱歌，还是住宿，都能省不少钱，虽然跟正常消费相比少了一些服务，但总体还算过得去。

晚上，大家吃了饭，也唱了歌，小周把朋友送到团购的那家宾馆，可在离开时，却无意中听到朋友议论："好不容易来一次，他用团购应付咱们，也太小气了吧？"

小周听了以后觉得特别郁闷，团购怎么了？吃的东西和环境都一样，还能省下不少钱，很多人都习惯这种消费方式了，有什么丢人的呢？

不管有钱没钱，节约一点儿都不是坏事。小周的做法并不丢人，在经济不宽裕的情况下，他还能对朋友尽地主之谊，这是相当难能可贵的。应当反思的不是小周，而是那两个朋友。

一起出去吃饭时，经常见到抢着埋单的场景。抢着埋单的一定是不差钱吗？未必，有相当一部分人其实是出于爱面子。

网络上有这样一则新闻：李某是一家个体企业的老板，由于经营不善，企业连年亏损，但他爱面子，对外总说自己的生意赚钱，和朋友吃饭时，也抢先结账。虽然明知道自己没有钱，但李某总是从容地用信用卡结账，在朋友面前，他仍然很风光。透支的信用卡总是要还的，发卡银行的客户经理天天给他打电话，要求他按照规定还款。但他碍于面子，每次接到电话都是一套说辞："对不起，您电话打错了，我不可能透支银行卡！"随后就把电话挂了。

就这样，李某的两张信用卡一张透支了1.2万元，另一张透支了2.3万元。由于李某未按规定还款，也不接银行客服电话，无奈之下，银行向市经济犯罪侦察大队报案，要求追究李某信用卡诈骗罪的刑事责任。

李某在公司被公安人员带走，不久就被刑事拘留。朋友们听说李某因为透支了3.5万元还不起被拘留，感觉非常意外。据了解，李某近几年经营不善，不仅没有赚钱，还欠了不少债，还把自己的房子卖了抵债，平时的行为全是装的。

李某的朋友们来到法庭，听辩护律师说李某透支的钱主要是用于请朋友一起吃饭，大家都很不好意思，认为李某在朋友面前太爱面子，才导致今天的后果。为了搭救李某，朋友们主动为他凑了3.5万元，交到法院替他偿还信用卡透支款，同时又凑了2万元交到法院作为李某预先支付的罚款，请求从轻处理。

李某的行为构成了信用卡诈骗罪，但因其无前科劣迹，又属于初犯，自愿认罪，而且朋友替他偿还了银行透支款3.5万元，减轻了银行的损失，因此，他的辩护律师请求法院从轻量刑。

李某在法庭上非常后悔，他认为，做人要实事求是，不能“装”大款。银行让自己透支是因为自己有信誉，但自己不该明知无法按照规定还钱还透支，不仅透支了信誉，还把自己弄进监狱。李某请求法院给自己一个重新做人的机会，并表示今后一定诚实做人，再也不“装”了。由于李某认罪态度好，朋友替他偿还了银行透支款，并替他向法院交纳了罚金，法院也采纳了辩护律师的意见，给予从轻处罚。

请客吃饭还是要量力而行啊。李某为了面子抢着埋单，请朋友吃饭，结果透支了信用卡，差点进了监狱。不过还好，关键时刻，朋友们能挺身而出，帮他渡过难关，可见他请的不是〝酒肉朋友〞。既然是可以共患难的朋友，那么在他们面前有装的必要吗？至于对那些不能共患难的酒肉朋友，就更没有装的必要了。

小周有几个哥们儿，大家平时关系不错，经常一起出去吃饭。别的朋友在一起，总是因为抢着埋单头疼，可这几个人倒好，吃饭时挺痛快，到了埋单的时候，谁都不出声。

前几次，小周碍于面子，就主动把单买了。一个月下来，差不都有一半工资都花在这上面了，他越想越不是滋味：按理说，大家的情况都差不多，如果一起出去吃饭，要么AA，要么轮流做东，总是他一个人请客，哪里吃得消呀！

后来，他们找自己的时候，小周尽量推辞，可他们总说：“是不是不把我们当哥们儿啦？”之类的话，他推辞不过，只能赴约，到了埋单的时候，还是老样子。

本山大叔在小品里那种小气的做法固然不足取，不过“人活着，钱没了”的滋味也确实不好受。朋友之间虽然不能斤斤计较，但也不能失去公平。如果朋友一再约你出去吃饭，可到结账时却总无动于衷，这种场合，以后干脆别去了。

07 >> 面子与原则，哪个更重要？

◎ 讲义气要分是非

提起义气，人们通常都会想到〝两肋插刀〞这个词。什么是两肋插刀呢？难道真的是为了义气甘愿为朋友牺牲，在自己的两边肋骨上各插一把刀吗？这个说法来源于隋唐时期发生在秦琼身上的一段故事。

隋朝末年，山东好汉秦琼在县衙当差。县太爷接上峰指令缉拿境内“响马”要犯，就派秦叔宝带领众捕快实施抓捕。朝廷认为的“响马”，实则是一群聚啸山林、劫富济贫的义士，很多老百姓将他们视为草莽英雄。

秦叔宝结交的江湖朋友中，就有一些“响马”英雄。秦叔宝接上司抓捕令后，为搭救朋友，先派人暗中通知被缉捕的朋友躲避。在抓捕途中，故意带领众捕快走岔道，以保护这些朋友。最后，抓捕行动失败，秦叔宝遭牵连，险些丧命。后来，聚义瓦岗寨的“响马”朋友在登州城奋力抢救秦叔宝，聚义瓦岗，共举义旗。

隋亡后，秦叔宝成为唐朝开国功臣，名扬天下。后来，说书艺人为歌颂秦叔宝当年帮朋友脱险而故意走岔道的千秋义举，就将岔道口附近的村庄称作“两肋庄”，由此产生了“秦叔宝为朋友两肋庄走岔道”的神奇故事。因“两肋岔道”的“岔道”与“插刀”谐音，所以随着人们口耳相传，就渐渐演化成“两肋插刀”了。

朋友之间相处需要讲义气，一个人肯为朋友赴汤蹈火、两肋插刀，是非常可贵的。讲义气没错，不过要分清是非，如果毫无原则地讲义气，不顾后果地迎合朋友不正当的需要，这种义气就是一种无知和盲从。

小辉和小勇是从小一起玩儿到大的朋友。几天前，小辉与一家饭店的老板起了冲突，事后，他越想越不服气，于是去找小勇，希望他能帮自己出这口气。

小勇问：“你想怎么办？”

小辉说：“那人把我打了一顿，我现在身上还疼呢，必须以牙还牙，以眼还眼！”

“你的意思是，让我帮你去打架？”

“不是，就去教训他一下，砸店。咱们哥们儿一场，你不会看着我受人欺负吧？讲不讲义气啊？”

小勇原本担心惹事，可小辉说起哥们儿义气，他不好拒绝，只能答应下来。第二天，两个人各持一把铁锤，冲进那家饭店内，将饭店砸了个稀巴烂，然后迅速钻进停放在不远处的车里，逃之夭夭。

饭店老板报了案，不久，小辉和小勇双双被警方拘捕。

义气是没私心的友谊，最纯洁、最美好的东西，朋友之间应当讲义气，但凡事都要有度，盲目义气的结果只能是害人害己。

自从1913年就任中华民国大总统后，袁世凯一直不满足，1915年9月，他又觊觎起皇帝的宝座。为了当上皇帝，他让手下的人制造舆论，说只有封建君主制才能挽救中国，中国需要一个皇帝。

这番言论令举国震惊。此前，梁启超已经看穿了袁世凯的心思，而且当着他的面痛斥：“复辟就等同于叛国！”后来，梁启超还专门写了一篇正义凛然的文章，为的就是揭穿袁世凯的阴谋。

袁世凯收到消息后大惊失色，当时正赶上梁启超的父亲大寿，袁世凯命人送去二十万大洋，表面上说是给梁父庆寿，实则是想收买梁启超，希望他收回那篇文章，不要登报。出乎他意料的是，梁启超声色俱厉地拒绝了那笔钱。

见这一计没成功，袁世凯又生一计，直接派人去跟梁启超说：“你在国外流亡了十多年，如今总算熬出头，过上了太平日子，难道还想再过回以前的生活吗？”这几乎是赤裸裸的威胁了。然而，梁启超毫不畏惧，坦荡地说：“再次流亡也没什么，反正我这方面已经有的是经验了。”

袁世凯这么做，除了威胁之外，还有另一层意思。当初，梁启超和康有为等人推动光绪帝变法，实施新政，但只维持了103天，就以失败告终。此后，梁启超被迫流亡日本，直到袁世凯上台后才把他请回国。

在这件事情上，袁世凯一直自认为有恩于梁启超，所以才会故意重提旧事。但他失策了，梁启超虽然感念他的旧情，但还是把文章发表了。

袁世凯贼心不死，还是于1916年1月1日复辟，登上了帝位。梁启超马上联合蔡锷将军，于云南发起了讨伐袁世凯的正义之战，随后得到了其他各省的积极响应，袁世凯的皇帝只做了83天，就被赶下了台。

站在袁世凯的角度，梁启超所做的事对他来说的确不够讲义气，当初人家为了让他不再受流亡之苦，特地把他从日本请回国，回国后还提拔重用他，他不知恩图报也就罢了，反而推翻了袁世凯的统治。但站在民族正义的立场上，梁启超的做法却是令人钦佩的，他一生效忠真理，堪称后世楷模。

◎ 人情债怎么还？

有句古话，叫〝滴水之恩，涌泉相报〞。别人有恩于你，比如搭救过你，或是在你危难时拉过你，甚至救过你的命等，你一定要报恩，而且还得加倍报，否则就会被指为〝知恩不报〞〝忘恩负义〞。

欠人情的一方往往都会尽力报答，可很多时候，无论怎么报答，还是觉得亏欠人家的。相反，另一方不管得到了多少回馈，都心安理得，于是就容易出现这样的情况：欠人情的，认为自己一辈子也还不清了，于是就只能以身相报，以命相报。

《韩非子·外储说左上》中有一个故事：吴起为魏将而攻中山。军人有病疽者，吴起跪而自吮其脓。伤者之母泣。人问曰："将军于若子如是，尚何为而泣？"对曰："吴起吮其父之创而父死，今是子又将死也，吾是以泣。"

这段话的意思是，吴起将军去打仗，有个士兵得了毒疮，吴起亲自跪下来给士兵吸脓。士兵的母亲知道以后，哭得很伤心。别人问她："吴将军为你儿子亲自吸脓，你应该高兴才对，怎么反倒哭了，还哭得那么伤心？"

士兵的母亲说："吴起将军以前也是这样为他爹吸毒脓的，最后他爹战死了。现在吴起为我儿子吸毒脓，我想，他用不了多久也会战死的。"果然，那个士兵为了报答吴起对自己的恩情，在打仗时拼尽全力，奋勇杀敌，最终战死沙场。

一位统率数十万雄兵、威风八面的将军，为一个普普通通的士兵吸脓血，这个士兵怎么可能不感动呢？常言道，"士为知己者死"，士兵出于对吴起的敬重，甘愿为他战死沙场。

人情最难还，因为人情无法估算和衡量，而且只能通过人情来还。欠别人一笔钱，好歹有个具体数目，日后按约定还清就是了，可人情的分量有多重，谁也说不清楚。

两年前，王女士曾因儿子转学一事，找了在教委工作的同学帮忙，当时，王女士送了些人情钱，可对方没要。由于王女士在医院工作，于是，在接下来的两年里，那个同学三番五次去医院找王女士帮忙：要么是带亲戚来做胎儿性别鉴定，要么是朋友住院，想把高价病房算成低价的，再不就是带同事来，拍半价的CT片……

两人本来就是同学，人家又帮过自己的忙。现在人家来找自己帮忙，王女士实在没办法不帮，毕竟自己欠了人情。可这些事情每次都让王女士特别为难，后来，王女士觉得人情还得差不多了，便有意躲避那个同学。后来，两个人索性再也不来往了。

传统道德主张人们"施恩莫望报"，可有的施恩者做不到这一点，他们帮了别人的忙以后，就以恩人自居，他有事需要帮忙时，就摆出一副讨债的架势。这很令人反感，如果再毫无限度地索要回报，那就更让人避之不及了。与斤斤计较的人来往时，一定要注意，尽量不要找他帮忙，否则日后很容易被频频追讨。

人际交往中，不能一点儿人情味都没有，但人情太重了也不好，所以最好的办法就是，在不违背原则的前提下，尽量做到有人情味。熟人上门送人情、托关系、求帮忙，有的人不好意思拒绝，怕伤了交情，结果人情越收越多，事情没办成，反倒欠了很多人情债。如果对方求你的事会违反原则，或是你无法办到，一定要果断拒绝。别人给你送人情，比如特别贵重的礼品，你觉得自己还不起，就不要接受。拒绝人情要真诚，实事求是地告诉对方，自己实在无能为力。另外，就事论事，虽然事情没办成，但不要影响彼此的交情。

既然知道人情债难还，我们就应当尽量避免欠下人情债。自己能解决的，就自己解决，能用金钱和物质解决的，就用金钱和物质解决。有时候，可能你觉得只是让别人帮你做一点儿小事，不会造成太大麻烦，可别人未必这么想。你欠了人情，人家日后托你办事，你肯定要帮忙。也就是说，虽然表面上看你让别人帮忙是给自己省了事，可在实际上，过一阵子，你可能要付出更多的心思来补偿对方。

◎ “难得是诤友，当面敢批评”

陈毅有句名言：“难得是诤友，当面敢批评。”真正的朋友，不会一味说好话，而是敢于、善于发现朋友的缺点并直言不讳地提出来，哪怕朋友一时之间接受不了，失了面子。

按照中国人的处世原则，一般人都尽量不去得罪他人，宁可说好听的话让人高兴，也不说一些让人讨厌的真话。说好听话的人不一定都是坏人，但如果从交友的角度来看，只挑好听话说的人，并没有尽到作为朋友的义务。明知朋友有缺点，却不指出来，督促他改正，变得更完美，这算什么朋友?

小刚和小建同在一家公司上班，共事两年多以来，他们的关系一直不错，几乎是无话不谈。后来，小建因工作表现出色升了职，成了小刚的上司。

小刚承认，小建的工作认真，业务能力也比自己强，可两个人从平起平坐的同事兼朋友变成了上下级的关系，小刚一时之间很难适应。以前在工作上，他们两个人是各司其职，可是现在，小建成了自己的上司，他的工作就要向小建负责了。以前小建在业务上帮助小刚，小刚觉得，是时朋友之间的情谊；可现在，同样的提醒和帮助，在他看来更像是指手画脚。

对于小刚的抵触情绪，小建有所察觉。他心想，小刚只是一时心里不适应，过一阵子就好了。在工作中，小建总是尽量迁就小刚，可时间久了，小刚变得越来越懒散。一天，公司老总到小建所在的部门开会，小刚正跷着二郎腿打电话，这一幕正好被老总撞见了。

第二天，小刚受了处罚，作为上司，小建没有管理好下属，也一同受了罚。因为这件事，两个人的关系更疏远了。

天底下最难管的员工就是那种沾亲带故的人。管了，亲戚朋友会不满，不管，其他员工会不满。既然如此，不如就把工作和私人感情分开，遇到事情时，不能把两种关系搅在一起处理。工作是工作，私人感情是私人感情，不管是上司还是下属，在工作中都要抛开私人感情。作为下属，应当拿出对待领导应有的态度，不要觉得上司是自己的朋友，就要对自己额外关照。同样，作为上司，应该秉公办事，不能偏袒和纵容身为下属的朋友。

对待朋友要真诚，朋友如果有什么过失，就应该诚恳劝阻，不要因为是朋友，就不好意思指出。

苏东坡在长江北岸瓜洲担任太守时，与镇江金山寺住持佛印禅师的交情很深。苏学士自认为修行已经到了很深的程度，便写下一首佛偈：“稽首天中天，毫光照大千。八风吹不动，端坐紫金莲。”写好之后，他自鸣得意，立刻差了一名童子将这首佛偈送往金山寺，请佛印品鉴。

佛印禅师是有名的得道高僧，他看完之后，笑而不语，只在佛偈背后写了两个字。童子返回后，苏学士迫不及待，连连问童子禅师有没有赞誉之语。童子说，禅师什么话也没说，只在信笺背后写了几个字，就叫我回来了。

苏学士赶忙打开信笺，只见后面写着："放屁。"

苏学士心想：我好心把佛偈送给你品鉴，你不称赞也就罢了，怎么还出言嘲讽我？这不是存心让我下不了台吗？

于是，满心不服气的苏学士带着童子过江去找佛印理论。

佛印禅师早就预料到苏学士会来，正站在江边等着。

一见面，苏学士就问道："我把诗送你品鉴，你觉得不好也就罢了，怎么还出言羞辱？"

佛印笑道："你不是说'八风'吹不动吗？怎么一个'屁'字，就把你打过江来了？"

苏学士听完之后满面羞愧，这才意识到，原来自己的修行还差得远呢！

如果朋友犯了错，应当及时指出，这有利于朋友完善自己。如果毫无原则地包容，甚至包庇，那无论是对朋友还是对自己，都没什么好处。

◎ 照顾情面不能忘了原则

人情有时是本糊涂账。冯仑讲过一个段子：开车违章，刚好碰见了一个熟人，人家卖给自己一个面子，省了50元钱的罚款。为了还这个人情，他回头安排熟人的亲戚进公司上班，那人根本不适合这个岗位，自己却不得不付了两万多元的薪水。

中国人看重情面，熟人之间办起事来往往要比陌生人顺利得多。熟人之间可以适当照顾情面，不过，凡事一定要以不违背原则为前提，如果一味照顾情面，忘记了原则，后果很可能比伤和气要严重得多。

小丽已经结婚六年了，但因为习惯性流产，她一直没当上妈妈。今年，怀孕后的小丽担心流产，便到表姐所在的医院详细检查，希望能保住这一胎。经过医生的指导，小丽精心养胎，胎儿八个多月时，小丽提前破了羊水，丈夫和婆婆连忙把她送到医院，生怕她有闪失。在表姐的疏通下，医院免去了很多烦琐的手续，小丽直接被送进了手术室，接受剖腹产手术。

手术结束后，小丽的婆婆终于抱上了孙子，乐得合不拢嘴。可细查之下，发现孩子的胳膊有些异常，经过医生诊断，婴儿的右臂肱骨骨折，需要用夹板固定。

听到这个消息，小丽的婆婆当时就翻了脸，小丽的表姐一再解释，说她当时是为了让小丽尽快做上手术，才求同事免去审批手续和交代注意事项的步骤，包括婴儿目前遇到的情况。如果按照程序的话，主治医生一定会在手术前提醒家属，也就是说，这种情况医院不需要负任何责任。

可是，小丽的婆婆根本听不进去，坚持要状告医院。表姐无奈，只好找院长出面，院长既考虑到小丽和家属的情绪，又考虑到医院的声誉，决定免去小丽住院期间的所有费用，还有孩子的一切治疗费用，这些费用由违反医院规定的主治医生和相关医务人员共同承担。事后，小丽的表姐无法独自承担手术费用，又觉得没脸见同事，索性从医院辞职了。几位同事只能哑巴吃黄连。

几位医生原本是出于好意，结果却受了批评，还要为此损失几个月的工资。如果当初能坚持原则的话，何至于此呢?

《因话录》中记载了这样一个故事：裴光德是唐僖宗时期的宰相。一次，有个官职不小的老朋友从远方来拜访他。裴公热情地招待了他，朋友在他的家里一点儿也不觉得拘束，于是乘机提出了一个请求，希望裴公能在京城里为他谋一个更高的官职。

裴光德对他说："我们是老朋友了，我也知道你是个不错的读书人，可是，我万万不敢因为个人的私情而败坏朝廷的法度。可能以后有人能帮你这个忙，但那个人绝对不会是我。"

对事不对人，这句俗话是有一定道理的。对事相对简单，对人相对复杂。对事的方式、方法可以直截了当，但是针对人，考虑问题就要复杂得多，所以对事不对人才是明智的做法。

19 世纪俄国著名作家屠格涅夫于 1840 年出版了他的长篇小说《前夜》，其中的英沙罗夫这个形象是具有自觉意识的革命者。不过，以俄国当时的形势来看，是无法孕育出这样一个英雄的。

当时，屠格涅夫在《现代人》杂志任职，他不仅是国内的文坛领袖，而且在杂志社里的地位也很高。那时候，年仅 24 岁的杜勃罗留波夫只是该杂志社一名小小的编辑，但他还是站在民主革命主义者的立场上，写下一篇文章，文中指出，《前夜》是一部伟大的著作，但其中英沙罗夫这个人物并没有起到推动俄国革命的作用，通过这一点可以看出，《前夜》这部作品仍显保守，并未对当时俄国的社会现实及革命形势做出准确判断。

对于这个名不见经传的小编辑的批评，屠格涅夫心中不满，要求他把那段“诋毁”自己的评论删除。可是，杜勃罗留波夫认为：“我写的文章向来接受所有人的批评，您的文章为什么不能接受批评呢？”他没有答应屠格涅夫的要求，还说：“我无论如何都不会删除那段评论。”

后来，杂志社全文发表了杜勃罗留波夫的评论文章，致使屠格涅夫与杂志社反目。

在面对权威的时候，人们容易产生从众心理。很多人〝不好意思〞反驳领导或权威人士，其根本原因是担心自己的意见会得罪人，或遭到耻笑。对杜勃罗留波夫来说，屠格涅夫既是文坛权威，又是一家杂志社的同事，可他仍然坚持了一个批评家的原则，这种品格值得敬佩。

情与理就好像鱼与熊掌，难以兼得，既然如此，我们就应当有所取舍。取情时，要能接受失理；取理时，要能接受失情。如果在两者之间徘徊犹疑，最终很可能既失了情，又失了理。

08 >> 拒绝，是一种基本的生存能力

◎ 不要成全了别人，委屈了自己

如果你从一家服装店经过，看中了一件漂亮衣服，但是服务员告诉你，这件衣服只剩下一件，而且没有折扣。试过之后，你很满意，只是觉得价格太贵。这时，服务员已经把票开好了，让你去柜台付款。你会怎么做?

A. 和服务员讨价还价，如果能够打折就买下。

B. 不好意思回绝，接过小票去柜台结账。

C. 直接回绝服务员，说自己要去其他店逛逛。

在生活中，遇到同样的事情，选择 B 的人应该有很多。有的人觉得，自己买东西的时候服务员那么热情，一会儿帮忙挑选商品，一会儿又帮着找合适的号码，如果不买，人家不是白忙活了吗? 多过意不去啊!

卖家之所以殷勤，是为了把商品卖出去，赚你的钱，你用不着不好意思。仔细想想，我们的钱是不是有很多时候花在了这样的地方? 比如，你逛街时路过护肤品专柜，售货员小姐主动邀请你体验试用装，在试用过程中，对方跟你大谈美容护肤

常识，借机推销产品，使你进退两难，于是，你只好硬着头皮买下一堆。

如果不喜欢，就果断拒绝，不要因为卖家殷勤，或者做生意的是熟人，就动了恻隐之心。如果一时磨不开面子，买下了不喜欢的东西，那结果多半是懊恼不已。

小郭过去在外地工作，去年夏天开始，她从外地返回老家工作。今年年初，通过高中同学聚会，小郭和高中时期的几位好友又重新联系上了。同学聚会之后，小郭常常和几位要好的同学小聚一下，昔日的同窗好友重逢，感情自然升温也快，正在小郭为和这些好友重逢而开心时，让她感到郁闷的事情也接踵而至。

在这些好友里，有三四位好友干起了时下较为流行的微商，看好友们一个个干劲儿十足，小郭表示，会尽力帮她们推荐产品给自己的亲朋好友。其实她这样说，只是想给同学们精神上的支持，可说者无心，听者有意，其中一个同学听了这话以后认真了起来。

没几天，小郭的同学打来电话，希望她帮忙推荐产品，还说如果亲朋没有购买的，希望小郭能照顾她的生意。

好友已经把话都说到这份儿上了，小郭只好向亲戚朋友推荐，不过效果甚微。看推荐没效果，碍于情面的小郭只好自己掏钱，随便买了几样护肤品，她心想，就当是花钱支持老同学的生意吧。

没想到，小郭此举惹来了另外两个同学的忌妒。闲来小聚的时候，其中一个同学半开玩笑似的调侃小郭，说她厚此薄彼。小郭见同学有了怨言，只好再掏腰包，照顾了她们的生意。

三个同学卖的是不同品牌的护肤品，小郭陆续试了试，感觉都很一般，索性就放在那里，有的还直接送给亲戚朋友用了。为照顾同学的生意，小郭买了近3000元钱的商品，结果没有一样是自己喜欢的，这让她很郁闷，她想，要是再这样照顾下去，自己恐怕就要喝西北风了。

支持朋友创业，照顾熟人生意，这没什么不好，但要有限度，如果专门为了照顾熟人生意而买下不需要的东西，那就是不理智的做法了。

熟人往往会给你更优惠的价格，就算价格上没优惠，也会把品质更好的给你。不过也不能排除这种可能，那就是有些熟人会利用你磨不开人情的弱点，把不好的东西卖给你，或者卖给你高价。

当熟人在卖你想买的东西时，是否和他进行交易，取决于你对卖家为人的看法，取决于你是否信任他。正所谓〝疑人不用，用人不疑〞，从熟人那里买东西的时候，要是你很信任他，那就无条件地相信他，就算后来得知自己买贵了，你也会觉得是他进货贵了，或是途径烦琐导致了价格的偏差，不会因此而心里不舒服，两个人之间的关系也不会有隔阂。如果你并没有那么信任他，那么还是从普通的商家那里购买吧，万一原本还不错的关系变得很僵，那就不好了。

◎ 无能的“老好人”

人们常说，赠人玫瑰，手留余香。帮别人的忙应该是件利人利己的事，不过凡事都得有限度，如果超过了那个度，帮别人不但不会带来快乐，反而会成为一种苦恼和困扰。

生活中常遇到这样的“老好人”，他们厚道、随和，从不好意思拒绝别人，同事开口求助，明知道帮别人的忙会影响自己的工作，可那个“不”字就是说不出口。亲戚朋友有事求到他头上，就算自己无能为力，却还是硬着头皮答应。可结果呢？做“老好人”的感觉好吗？

就像小品《有事儿您说话》里演的那样：

小郭是厂里的普通职工，平时总希望别人能高看他一眼，可是，他并没有通过努力工作来实现自己的愿望，而是通过另一种方法——帮别人跑腿办事儿。久而久之，大家觉得他为人热心，就什么事都找他帮忙。为了把面子撑下去，他就算办不了也得应承下来。

为了帮科长买卧铺票，他先是谎称自己铁路上有熟人，然后又冒着寒风去火车站熬夜排队，票没买着，他只好自己搭钱，从票贩子手里买高价票。事儿办完了，拿到票的科长喜笑颜开，连夸小郭有本事，可背后的辛酸只有他自己知道。

小郭爱面子，明明没有金刚钻，却硬要揽瓷器活儿，结果面子是有了，但那是他用遭罪换来的，连他妻子都要跟着受累。要脸面很正常，不过像小郭这样“死要面子活受罪”是要不得的。爱面子不是什么大毛病，但要是过分爱面子的话，会活得很辛苦。

让我们再来看看另一个“老好人”的亲身经历吧。

小林给原来公司的同事打电话问候，本以为两个人聊会儿天，彼此问候一下，是一件挺高兴的事儿，想不到，原来的同事一接起电话来却说：“哎呀，小林，你说你干吗要辞职呢？你一走，都没有人给我们买饮料和早餐了。”

小林客套了几句话，默默地挂断了电话。她的心里很不是滋味，想当初，她刚到公司上班，为了和同事之间处好关系，她上班时总是早早来到办公室打扫卫生，如果有人说：“哎呀，今天起床晚了，连早餐都没吃。”她就会跑下楼去帮同事买份早餐。如果有人说：“今天天气太热了。”她就会跑出去给对方买些冰镇的饮料。周末休息的时候，同事说要搬家，或者选购物品，她也是随叫随到。长此以往，同事们都夸她热心肠，是个老好人。

一开始，她想尽快融入新环境，而且工作也不忙，帮别人做点儿事，既能搞好关系，也不影响工作，这也没什么。可是后来，她手上的工作越来越多，自己的事情尚且应付不来，还怎么帮别人呢？于是，再遇到同事找她帮忙时，她就把自己的情况说明了，可让她没想到的是，同事们都开始抱怨起来，有的人说：“你怎么回事啊，小林？不过是一个小忙，怎么推来推去的？你以前也不这样啊……”

如果说，小林以“这不是我分内的事”为理由拒绝帮同事的忙，这还好说。可是，遇到上级领导需要帮忙办私事的时候呢？她就更难推辞了。

有一次，小林的主管领导让她帮忙取一份快递。走到公司楼下的时候，小林正好遇上了部门经理，经理问她工作时间要到哪儿去，小林只好说了个谎话。后来，部门经理查明了事情的真相，把小林批评了一顿，认为小林不是一个诚实的员工。小林觉得不好意思继续留在公司，便递交了辞职报告。

作为初来乍到的新人，小林想尽快融入集体，于是放低姿态，充当“老好人”的角色，对别人有求必应，可她忘了自己应该遵守一条底线，那就是：任何事都不能影响自己的本职工作。很多人在工作中不懂得拒绝别人，自己手头的工作没做完，还今天帮这个做表格，明天帮那个做策划，总是做一些超出自己职责范围的事。他们以为这样做就能维护所谓的人脉关系，事实证明，这只不过是一厢情愿罢了。

常言道：“升米恩，斗米仇。”你帮别人一次两次，别人可能会感激你，但你帮别人一百次之后，别人可能就把你的帮忙当成理所当然了，这时候，如果你再拒绝，别人反而会生出怨言。老好人到处都是，可真正让人记住的往往不是这些老好人，而是那些做事有原则、帮人有分寸、遇事果断的人。

不管在工作中，还是在生活中，我们都不能总做老好人。

小璐是家中的老大，有一个弟弟和一个妹妹。父亲很早就去世了，妈妈与他们姐弟几人相依为命。小璐很小的时候就学着帮妈妈做家务，照顾弟弟和妹妹。这种生长环境使她养成了一种照顾他人的习惯。

小璐参加工作以后，弟弟和妹妹都在读大学，他们经常打电话说："姐，给点儿生活费吧，没钱吃饭了。"其实，小璐的收入也不高，但怕弟弟妹妹挨饿，只能自己节衣缩食，想办法给他们省点儿钱。

不只是对家人，对待身边的同事和朋友，小璐也是如此。她发现自己很难把拒绝别人的话说出口。在公司上班，她的上司经常把不该做的工作分配给她，她心里不情愿，很想拒绝，但脱口而出的却是"好的"。好不容易周末休息，大学同学想去逛街，小璐明明身体不舒服，但是怕扫老同学的兴，就答应了。逛了大半天，小璐的病情更严重了，老同学知道以后，反而说："你生病了怎么不说一声呢？我找别人陪我也是一样的嘛！"

小璐心里很清楚，自己不能做到令所有人满意，而且每个人都需要私人的生活空间，但她就是不知道，应该怎样做才能改掉这种"不好意思"拒绝别人的毛病呢？

一个人如果太好说话，会变得越来越没主动权。把话说清楚，谁也不吃亏，即使只是举手之劳，也要让自己每一次举手都举得有价值。一味地退让就是无能，不要太软弱了。当别人有求于你的时候，适当的高冷一点儿，长此以往，别人觉得你不好欺负、不好说话，再开口时就不会那么肆无忌惮了。

◎ 不喜欢就拒绝，别模棱两可

有些人在拒绝别人的请求时，总担心直接说“不”会让对方难堪，于是就把话说得含含糊糊、模棱两可，以为这样就不会伤和气，然而，这种做法有时候比直接拒绝更糟糕。

比方说，朋友找你帮忙，你没有明确拒绝，而是说：“我今天有事。”到了第二天，朋友又提出来，你说：“明天再说吧！”到了第三天，朋友再问你的时候，你才说：“对不起，我真的帮不了你。”人家一定生气：“你帮不了早说啊，这不是浪费时间嘛！”

因此，当你不想帮别人的时候，一定要把拒绝的意思表达清楚，当然，话可以委婉一些，但不能模棱两可，让对方误以为自己还有机会。比如，有人找你借钱，你不打算借给他，直接说“不借”当然不太好，但如果说“抱歉，我爱莫能助”，这样就好多了，既表明了态度，又不会伤及对方的颜面。不要说“我试试看吧”，或者“我想想办法吧”这种含糊其词的话，否则，对方会误认为你已经答应了，反而误事。

如果你想帮对方，但不确定自己能否办到时，也要把话说明白，别轻易打包票。著名作家巴尔扎克说过这样一句话：“如果你要想成为一个有出息的人，那就把诺言视为第二宗教，遵守诺言就像保卫荣誉一样重要。”如果你答应帮别人，但因为某种原因没办到，那该认错就认错，该道歉就道歉。

对自己根本就没有能力做、不打算做或不应该做的事情，一定要果断表明态度。别因为帮不上对方的忙就觉得过意不去，想想看，你办不到的事，不代表别人也办不到，与其你把事情搞砸，不如让他早点另请高明，这不是对他更有利吗？

感情方面也是如此，有人向你表白，如果你喜欢，就接受，不喜欢，就明确拒绝。要是不确定自己是否喜欢，可以告诉对方，自己需要再接触一段时间才能决定。

任何人被拒绝时，心里都不好过，但常言道"长痛不如短痛"，如果你确定自己不喜欢，就明确拒绝，千万不要纠缠不清，否则会给对方带来更深的伤害。

有一个很不错的男孩向娟娟表白，娟娟很清楚男孩并不适合自己，所以就明确拒绝了他。男孩很有风度地表示，希望以后能继续做普通朋友。出于对他情绪和自尊的考虑，娟娟点头答应了。不过在那之后，娟娟有意和男孩保持距离，没有保存对方的新号码，也很少和他在网络上联系。

男孩起初并未死心，但半年多过去了，娟娟的态度一直是淡淡的，所以就放弃了。过了一段时间，娟娟从两人的共同好友那里得知，男孩已经有了女朋友。虽然极少联系，但男孩对娟娟毫无怨恨，只有祝福。

当有人向你表白时，不喜欢的就要果断拒绝。当对方露出一副受伤的表情，或者千方百计讨好你时，不要因为一时心软，就做出违背自己内心的事。

大胆说"不"，舍弃那些支支吾吾的回复吧！除了给你和对方带来麻烦以外，这些模棱两可的词语没什么实际用处。如果连清清楚楚地拒绝别人都做不到的话，还如何维护尊严、保持独立人格、掌握命运呢？把大胆说〝不〞作为你的生活原则吧，这样一来，你会发现自己少了很多烦心事。

◎ 你有权拒绝透露自己的隐私

中国人很少注重个人隐私，在很多人眼里，别人的收入支出、年龄大小、恋爱婚姻、身体健康、家庭住址、个人经历、信仰政见、从事的工作等，都是可以询问的。亲戚朋友聚会时，大家经常问的就是：〝在哪个单位工作？收入多少？有女朋友了吗？结婚了吗？买房了吗……〞面对这些问题，很多人觉得不回答就好像见外似的，所以即便心里头为难，也不好意思拒绝回答。

事实上，隐私是一个人自由的重要领域，可以说，没有隐私就没有真正的自由。每个人都有保护自己隐私的权利，与此同时，也要尊重别人的隐私。探听别人的隐私是个坏习惯，必须改正。别人探听你的隐私时，你完全有理由拒绝回答。

一天，小茜在上班途中接到了妈妈打来的电话：“女儿，咱家的网络密码是多少？”

小茜觉得很奇怪：“家里的所有设备都能直接联网，怎么想起问密码了呢？”

妈妈说：“隔壁阿姨的儿子从外地回家过年，他有公事，可家里没有网络，所以想借咱家的网用用。”

听说邻居要“蹭网”，小茜让妈妈装作不知情，不要把网借出去。但在妈妈看来，邻居之间互相帮个忙没什么。老人再三要求，小茜只好快速地把密码念了一遍。由于地铁里手机信号较弱，妈妈半天没记住，提议等女儿下班回家后，再帮邻居连上WIFI。

谁知还没等她回家，就接到了邻居儿子打来的电话。小茜借口家里的网速很慢，经常会掉线。没想到对方称自己只浏览网页、查看电子邮件，不会太占网速。小茜不想答应，因为过年家里上网的人多，共用一个 WIFI 会影响网速，再有就是，同处于一个无线局域网，如果网络线路没有加密，对方可以通过网络窃取的方式截获信息，个人隐私存在一定的风险。考虑到这些问题，她不想冒险，可妈妈劝说道："邻里邻居的，这么点儿小事拒绝人家，以后见面会很尴尬的。"为了不影响两家人的邻里关系，小茜只好交出了密码。

帮忙时要量力而行，不要因为帮别人的忙而影响了自己的正常生活。小茜担心拒绝邻居儿子的请求会影响妈妈和邻居以后的相处，可共享一个密码会影响自己的网速，还存在安全隐患，小茜拒绝分享是很正当的，如果邻居强人所难，或者因为被拒绝而埋怨，那就是他们不通情理了。

有时候，与我们关系亲密的人，尤其是夫妻之间，会问起涉及隐私的问题。遇到这种情况，很多人即便心里不情愿，也只能如实相告。在他们看来，夫妻之间应当不分你我，婚姻最重要的就是彼此绝对忠诚，如果有隐瞒的话，不就违背了婚姻的神圣吗？

如果你不愿意分享自己的隐私，又担心对方不理解时，不妨这样劝说对方：一个人的隐私权需要被尊重，并不等于他真的有不想让人知道的事。每个人都有隐私权，即便是夫妻，也应该尊重彼此的隐私权。两个人之间，越是彼此尊重，隐私往往就越少。如果受到强制或胁迫的话，反而容易产生隔阂。给对方留一些空间，也给自己留一些空间。在尊重对方的选择和隐私时，能让对方在保留了自己一片小空间的同时主动去关心另一方，这样不是比强迫要好得多吗？

西方有一句古老的法律格言：各人的家就是他的堡垒。我们有权利享有安宁的私人生活，保守个人信息和秘密，不被他人非法侵扰、知悉、收集、利用和公开。如果隐私权得不到保障，人格和相关利益受到侵扰，个人思想、经历、感情和财产都暴露给别人看，我们哪里还会有"尊严"和"体面"呢？

◎ 该拒绝时，要坚决说"不"

我们在生活中之所以会感到"不好意思"，很多时候都是因为没有明确的原则和底线，或者是没有坚持原则、守住底线。

原则和底线是有区别的，不能混淆，否则很容易令人困惑。每个人都要有自己的底线，底线是你对外界容忍的最低限度，也就是说，你不容许任何人触碰它；而原则是你给自己设定的标准，如果违反了这个标准，你的自我就不存在了。

底线是正常生存和基本生活的最低限度，所以，为了保证正常生存和基本生活，你的底线是绝对不能降的，也就是说，任何突破底线的行为，都是绝对不能容许的。一个人的底线是不危害社会、不把快乐建立在别人的痛苦之上、思想独立、人格自由，什么时候都不能做违法的事。

一般说来，人的正常生存离不开衣食住行，而基本生活离不开家庭、金钱、物质、工作和社会交往。

正常生存的底线一般是：穿衣能够蔽体，干净整洁；每天能保证一日三餐；住所能遮风挡雨；需要出门的时候，能顺利到达想去的地方。在最低限度的基础之上，可以在经济条件容许的范围内满足自己的需求。如果连最低限度都达不到，那就要努力奋斗了，否则很难维持生存。

基本生活的底线一般是：家庭方面，家人之间互相尊重，彼此自由独立，共同维持和谐稳定；金钱和物质方面，自食其力，不赚昧心钱，有正当经济来源，能满足正常生存所需，有一定的积蓄；工作方面，与领导和同事之间的关系不影响自己的正常工作，保证自己的分内工作顺利完成；社会交往方面，朋友之间不背叛友谊，不落井下石。

原则是你做人做事的基本立场和态度，包含了生活当中的方方面面，比如，哪些事是对的，哪些是错的，应该做哪些事，不应该做哪些事等。制订原则时，要注意合理性和可执行性。合理性是指你制订的原则不能与法律和社会道德相矛盾，可执行性是指你制订的原则不能超出自己的能力范围。满足了上述两个条件，还要注意原则的标准不要太高，因为那样会让自己很累，但也不能太低，否则就会随波逐流，无所追求。此外，原则并不是一成不变的，因为外界环境和你自身都是不断变化的，所以要随之调整，适应变化。做人做事有了原则，就不会再盲目了，在原则之内，我们可以随心所欲地做自己。

在人际交往中，我们应当本着“严于律己、宽以待人”的态度，也就是说，我们对别人的要求可以低一些，但对自己的要求应当高一些。不过，对别人的要求再低，也不能低于底线。只要别人没有触碰你的底线，就是可以包容的。如果他没有达到你的原则，你可以选择不与他做朋友，但保持正常的往来还是可以的，这就是宽以待人。而严于律己指的是你要坚守自己的原则，一旦违背了，就要自我谴责，警告自己不能再犯。

除了“严于律己、宽以待人”以外，我们在做人、做事时，还要本着“己所不欲，勿施于人”的态度。也就是说，你有自己的原则和底线，别人也有他们的原则和底线，既然你的底线是不容触碰的，那么推己及人，你也不要去触碰别人的底线。你要遵守自己的原则，别人也要遵守他们的原则。

明确了底线和原则的区别，能使你有一个清醒的认识，再遇到涉及底线和原则的问题时，就可以从容面对了。不涉及这两个问题时，我们大可以善待自己，同时也善待他人，努力去追寻幸福和快乐。如果有人触碰了你的底线，你就必须坚决说“不”，用不着不好意思，因为打破底线会使你无法正常生存和生活，所以这是不容商量的。遵守自己的原则，不要轻易违背，如果别人要你做的事违背了你的原则，你应当拒绝，否则就失去了自我。

人生在世，应当尽可能地去追求幸福和快乐，有了底线和原则，你就会更清楚自己应该做什么，不应该做什么，什么是可以接受的，什么是不能接受的。这样一来，你的生活就会变得简单明了，不会轻易迷茫和犹豫。

09 >> 亲兄弟明算账

◎ 熟人之间也需言利

有些人觉得，熟人之间〝谈钱伤感情〞，所以在发生利益纠葛的时候，他们往往采取不伤和气的做法，宁愿吃亏，也不争取属于自己的利益。

琪琪的微信朋友圈里，有不少人做起了代购生意。一天，她翻看朋友圈，看中了一套韩国化妆品，当她向朋友咨询时，朋友说自己的表姐在韩国读书，因为本身就爱穿着打扮，所以平时经常逛街，对各种名牌化妆品也了如指掌。还说表姐一直都从各个专柜直接拿货，不仅质量有保障，价格也比别人便宜很多。琪琪看中的那套化妆品，在国内专柜购买的话要1200元，但她表姐只卖580元，价格便宜一半多。见朋友说得头头是道，琪琪没再多问，当即付了款。

事后，琪琪发现自己收到的化妆品和专柜的正品相比，虽然外观很像，但还是有些细微区别的。当她把专柜产品的照片发给朋友，指明两者之间的差别时，朋友只说那是产品批次不同。

因为担心质量有问题，琪琪一次也没敢用，一直放在家里。不久，她在网上看到了许多关于韩国代购的新闻，新闻中说，许多微商口中声称的代购化妆品，实际上并不是在专柜购买的，在韩国，有许多中国人专门从事化妆品批发生意，而这些人的供货渠道都来自国内。琪琪觉得，自己买的化妆品多半是来自这种渠道。按理说，她应当选择退货，可她心想，算了，抬头不见低头见的，要是因为这件事闹僵了，以后见面多尴尬呀！

不管是不是熟人生意，消费时都要选自己喜欢、价格合理的，如果涉及售后服务等问题，一定不能含糊了事。与其日后争执，不如把话说在前头，这样对谁都好。谁的钱都是辛苦赚来的，作为消费者，在购物时货比三家是天经地义的事。

杜先生是一家歌舞厅的音响师，不久前，舞厅需要采购一批射灯，老板打算把这项任务交给杜先生。杜先生心想，正好有个熟识的客人是开家具城的，大家都叫他王哥，就去王哥那里买吧，既照顾了熟人生意，质量上又有保障，说不定还能给老板省点钱。于是，杜先生答应了下来。

杜先生上门以后，王老板热情地推荐了两个品牌，还保证道："你随便选，不管看中哪个，我都可以给他优惠。"

杜先生很高兴，道了谢之后，他比较了一番，选了其中一种。付款时，他提出要开一份质保单。

王老板说："兄弟，这是信不过你王哥吗？"

杜先生连忙摆手，说："不不不，王哥，不是那个意思，我是帮老板买的，这种东西总要有质保单，我回去以后才好交差不是嘛！”

“你放心，这个品牌我已经卖了五六年了，从没出过质量问题，你拿回去尽管用，真有质量问题，别说包换，就是给你退钱都行！”

杜先生见王哥把话说到这份儿上，也不好再坚持索要。两个人在口头上达成了模棱两可的退换货协议后，杜先生付款走人。

想不到，射灯拿回去以后，在安装时发现不亮，老板不肯给杜先生报销。杜先生只好拿着射灯去找王老板，希望对方或换或退，可原本笑容可掬的王哥却变了脸，坚持声称自己经营的射灯绝不会有质量问题，之所以不亮，是因为在安装过程中操作失误造成的。

杜先生不想与他争执，转身去了另一家灯具城，付款之后，那家灯具城老板没用杜先生提，就把质保单塞进了商品包装箱里。后买的射灯很快安装完成，一切顺利。杜先生总算松了口气，不过想起那个王哥，他只能苦笑了，谁让自己当初磨不开面子呢，就当花钱买个教训吧，以后不管在什么人手里买东西，该走的程序都不能省。

有些人觉得，熟人之间常来常往，钱财上的事不用太计较，日后好商量。可许多事实证明，当时没有算清楚的事，日后只能越来越糊涂。许多亲人和朋友之间都是因为钱财而发生矛盾，从此不再往来，有的甚至还会反目成仇。

小田和小玉在一个公司里共事多年，平时私交也不错。一次，小田对自己做的计划书很满意，便和小玉一起分享了喜悦的心情。

当她准备把计划书交给上司的时候，小玉也正好要去上司的办公室，两人便一起去了。

上司对那份计划书赞赏有加，以为是小田和小玉共同合作的结果，便对她们两个人说："不错，抓紧实施吧，如果计划完成了，公司一定好好奖励你们。"小田见上司误会了，本来打算解释清楚，说计划书是自己完成的，可转念一想，还是等成功以后再说吧。

不久，上司把小田和小玉都叫到了办公室，对她们说："这次计划书做得非常成功，公司决定给你们每个人五千元奖励，希望你们以后继续努力。"两个人从办公室出来以后，小田心里别扭极了，平白无故被分走了五千元奖金，不别扭才怪。可小玉却笑嘻嘻地对她说："咱俩都这么多年关系了，不至于因为这点儿小事儿，到上司面前拆穿我吧？"

听她这么说，小田更气愤了，于是说道："不拆穿你可以，但你心知肚明，奖金你一分都不应该拿，把奖金给我，这事儿就算了。"

可小玉却说："姐妹之间，干吗把钱看那么重呀？这次我拿都拿了，你难道真好意思要回去啊？大不了下次我得奖金，也分你一半，行了吧？"

小田听了这话，便没再坚持要回奖金。她心想：这么多年的关系了，她总不至于说话不算话吧。

两个月以后，小玉因计划书做得出色，得到了一笔丰厚的奖金，可她不想把钱分给小田，选择了隐瞒。然而，世上没有不透风的墙，在一次会议上，上司对小玉大加赞赏，鼓励大家都向她学习，还说，只要是能为公司赚钱的员工，公司就一定不会吝音奖励。

小田紧盯着小玉看，小玉尴尬极了。散会以后，小田以为小玉能主动兑现承诺，可直到第二天，小玉还是当作什么事都没发生一样。

这下子，小田彻底火了，她先是和小玉大吵了一架，后来又径直跑到上司那里，拆穿了过去那件事。两个人的关系就这样破裂了。

牵涉利益问题时，一定要本着"该怎么办，就怎么办"的原则，千万不能稀里糊涂、模棱两可。只有把事情摆在明面上，才能公平公正地解决。

◎ 车和老婆概不外借

不少有车的人经常会遇到这样的事：亲戚朋友来借车，自己不好意思拒绝，却又担心车借出以后会发生意外状况，比如违章罚款要自己负责，车出了问题，也要自己出钱修理等。遇到这种事情，很多人左右为难，借吧，担心出问题，不借吧，又好像说不过去。

小孟在单位里是出了名的好人缘。最近，他拿出多年积攒的20多万元，买了一辆心仪已久的车，正准备好好享受一下有车族的生活，没想到，高兴劲儿还没过，烦恼就来了。身边不少亲戚朋友开始向他借车，考驾照的亲戚要借车练手，老同学结婚要借车出婚礼，朋友见客户要借车充场面……

既然人家开口，一向好说话的小孟当然没办法拒绝。有了第一次，就有第二次，而且借给这个，不借给那个，那样更得罪人。久而久之，小孟遇到了许多麻烦事。罚款自己去交了好几次不说，有一次，一个老朋友上门借车，见小孟面露难色，就说："这么多年关系了，这点儿小事值得你那么犯难吗？听说你的车谁都能借，难道偏偏不能借我？"

话说到这份儿上，小孟只能答应借车。想不到，车开出去不到半天，就跟一辆小货车撞上了，所幸人都没受伤，不过小孟的车基本上算是报废了。事后，朋友只说了一句："买保险了吧，交给保险公司处理就行，损失不了什么的。"从那以后，这个朋友再也没露过面。

小孟找了保险公司，经过鉴定，保险公司只能赔偿10万元，再买一辆同款的车是不可能了，只能用保险公司赔的钱买辆便宜的车。

车借出去以后出了问题，朋友不修，自己也不好意思让朋友去修，只能自己吃哑巴亏，这还是小事。万一出了意外事故，开车的人要负责任，车主也逃不了干系，有多麻烦，可想而知，到那时，两个人感情再好，能不受影响吗？

认识小郭的人都知道，他这人什么都好说，只有两件事不能商量——车和老婆概不外借。

小郭以前有辆旧车，平时大大咧咧的他从不拒绝朋友借车的请求，有一次，一个朋友把车送回来时告诉他："抱歉啊，不小心把保险杠剐了。”

小郭当时看了一眼，没什么大事，就满不在乎地说：“算了，没碎就行。你抓紧时间修上，别让我老婆知道。”

朋友说：“我没时间，你修吧，修完了告诉我多少钱，我给你。”

小郭心里挺别扭，这个朋友向来工作清闲，说没时间，什么意思？

于是，小郭说：“你也知道，我工作时间很难请假，还是你修吧，钱的事好说，大不了我出。”

想不到，朋友说：“那就趁着午休时间去修吧，千万别让我家人知道这事，你就说是自己不小心碰的。”

小郭自认为对朋友已经很仗义了，想不到朋友竟然来这么一出，再这么下去，结果恐怕跟借钱翻脸没什么两样。于是，小郭没再说话，让朋友走了。

不久，他换了新车，并且从换车的第一天开始，就立下了那条规矩。说也奇怪，拒绝了几次以后，再也没人找他借车了。小郭原以为会得罪不少朋友，可他后来发现，除了那个销声匿迹的朋友以外，以前的朋友都和原来一样，很多人表示，车是你的，不想借就不借呗，有什么大不了的。

遇到朋友借车时，与其在出现问题时伤了感情，又伤钱财，还不如一开始就明确拒绝。被拒绝以后，大部分人应该都能理解，就像小郭的朋友们说的那样，车是你的，不借就不借，有什么大不了的？

很多人并不是不会拒绝，只是不知道拒绝的标准是什么。这很简单，每个人的原则和在乎的东西都不一样，只有你被要求，或者被伤害的时候，才明白哪些对自己而言是最重要的。一旦清楚了什么事情对自己是有伤害的，就应当果断拒绝。

人与人之间相处是需要距离的，朋友、伴侣、亲人之间，每个人都是独立的个体，谁也没有义务去无条件地帮谁。中国有句谚语：有了好篱笆，才有好邻居。人与人之间的相处要有一定的界限，保证个人自由，才能更好地相处。可以为别人付出，但不能毫无原则地付出。要知道，你永远无法做到让所有人满意。

◎ 亲归亲，财归财

朋友、同学之间的交往，少不了金钱方面的往来，比如加入朋友同学的公司、相互借钱、合伙投资，一方在另一方事业中投资、一方委托另一方进行与金钱有关的事情等。这些事情办得好，是互惠互利、双方得益，办得不好，可能会因为后来的经济纠纷闹得双双脸红脖子粗。

沈某和韩某两个人是从小玩儿到大的好朋友。

上小学时，沈某家境不好，韩某有几次给沈某带早餐，还送过他几件衣服，直到高中毕业，两个人还非常要好。后来，两个人分别考上了不同的大学，渐渐联系少了。沈某大学毕业后，得知韩某生活得很不如意，念及当年的帮助，就时常在经济上帮助他。不久，韩某找沈某借钱，说自己打算开一家餐馆，需要5万元资金。沈某见朋友终于振作起来，心里非常高兴，他想都没想，就把钱借出去了，虽然数额不小，可他没好意思让朋友写借条。

起初，韩某的生意不错，有时候人手不够，忙不过来，还会找沈某去帮忙，沈某只要有空，就从不推辞。

一天，韩某店里有个伙计悄悄问沈某："你借过我们老板5万元钱，是吗？"

沈某有些意外，反问道："你怎么知道？"

伙计说："你不在这儿的时候，老板娘总说，你把钱借给他们，生怕他们不还，就天天到店里来监视。"

听了这话，沈某心里很不舒服，不过他没说什么，以后就很少去韩某的店里了。

三年后，沈某买了房，装修时手头的钱不够用，就去找韩某。

结果韩某却说："你什么时候借钱给我了？再说，以我的情况，用钱也不会找你呀，你是不是记错了？"

不管沈某怎么说，韩某都不承认欠钱的事。由于没有任何证据，沈某只能认栽。两个人从此再没来往。

借钱给别人，一定要把后果想清楚，别把自己的利益不当回事。数额较大时，别怕麻烦，也别磨不开面子，一定要让对方写下字据，有必要的话，还应该让对方提供抵押物。只有这样做，才能保证日后把钱顺利要回来。

人的本性都是自私的，涉及钱财和利益方面的问题时，为免日后争执难看，即便是亲人之间，也要分清楚、讲明白。

《湖州晚报》报道了这样一篇新闻：陈凤和弟弟陈龙从小感情就好，工作以后，两人也一直相互帮衬。去年7月的一天，新婚不久的陈凤买彩票中了奖，奖金600余万元，她第一时间把这个好消息告诉了自己的亲弟弟陈龙。考虑到新婚不久，姐姐陈凤决定把奖金中的500万转账给弟弟陈龙，让他暂时帮忙保存。几个月后，彩票中奖的事情被陈凤的丈夫李明知道了。在与丈夫讨论、商量后，陈凤和丈夫一起找陈龙，想要把钱拿回来，可弟弟却拒不返还。

无奈之下，陈凤决定打官司。可在法庭上，弟弟陈龙却说彩票是他们姐弟俩一起买的，还说两人以前经常一起买彩票。7月的这次彩票中的是1000万，并不是600万。陈龙承认姐姐当时确实给自己打了500万，但这笔钱不是让他帮忙保存，而是包含两个部分：一部分是姐姐归还给弟弟的欠款，另一部分是姐弟俩合伙买彩票中奖后弟弟的分红。他还提供了2014年的两份银行转账记录，以证明他和姐姐一直是合伙买彩票的。

不过，法院经审理后认为，陈龙提供的转账记录当属姐弟之间的其他经济往来，不能证明姐弟俩存在合伙买彩票的关系。陈凤转账500万元至陈龙账户的事实清楚，陈凤虽未交付保管凭证，但银行转账记录清晰且原告陈凤有转账凭证，在无证据证实双方存在其他法律关系时，应认定双方保管合同关系成立。因此，法院判决陈凤与陈龙的保管合同合法、有效，双方未约定保管期限，陈凤有权随时领取保管物，即500万元。判决陈龙夫妇应共同承担返还义务，扣除已归还的70多万元，还需返还李明、陈凤420多万元。在一审判决结束后，陈龙和妻子向法院提出上诉，二审仍维持原判。

很多矛盾都是财物的归属问题引起的，这种事最伤感情，很多人因此而兄弟翻脸、朋友反目。一开始糊里糊涂，不清不楚，日后出现矛盾和冲突，谁都不容易心平气和地解决了。早知如此，何不在一开始就坚持“亲兄弟，明算账”，把问题消灭在萌芽时期？

1998年的一天，相识不久的陈羽凡和胡海泉第一次一块儿吃饭，那顿饭虽然才花了不到一百元钱，但陈羽凡却提出AA制，刚开始，胡海泉有点儿不太适应，但转念一想：许多朋友之间反目，都是因为钱，我俩要想一起走下去，在这方面分清楚些没坏处。于是，两人很快就此达成共识。

羽·泉组合从组建至今已近二十年了，两人无论在合作上，还是私人感情上，都从未受到过经济问题的影响。两人之所以能亲密无间，除了与音乐上志同道合有关以外，与“亲兄弟，明算账”的约定也是分不开的。

常听人说：“就凭咱俩这关系，别跟我谈钱啊，伤感情。”在钱财上过分痴迷是贪婪，但说自己毫不在意，那就是虚伪了。钱是钱，情是情，这是两码事。有修养的人一般都会坚持“亲兄弟，明算账”，不留糊涂账，算得清清楚楚。

10 >> 莫被人情绑架

◎ 不惯别人的臭毛病

青年作家易术在微博上讲了这样一件事：

7 岁时，我妈给我买了个滑板，才玩了两三个星期，有个远方亲戚的 6 岁熊孩子看上了，抱着死活不肯放。他妈一直说送给他呗，难得这么喜欢，念叨许久，我妈笑不作声，半晌说了句“我把它擦干净”，小孩才肯松手。我妈拿去里屋，空手走出来。他妈问：“滑板呢？”我妈说：“我儿子也难得喜欢，你们自己买吧。”

面对亲戚的无理请求和自己孩子的恋恋不舍，如果易妈妈碍于情面，硬是把滑板送给亲戚的孩子，就会给自己的孩子造成伤害，那显然不公平。如果硬是不给，不仅想要滑板的孩子不悦，大人之间的和气也会被伤到，这件事确实很令人为难。不过，聪明的易妈妈略施小计，找个理由先把滑板要了回去，然后笑呵呵地说：“你们自己买吧！”对方一听，必定能意识到是自己的要求太过分了。

对那些不好意思拒绝别人无理请求的人来说，这个办法很值得借鉴。在生活中，我们经常会遇到以下情形：别人以“孩子小，不懂事”为由，强迫你把私人物品借给孩子，结果被孩子损坏；亲人以“我穷，你比我有钱”为由，向你借钱，而且有借无还；同事以“你能力比我强”为由，勉强你加班，帮他完成工作等。如果你不愿接受对方的请求，对方就会指责你说：“你怎么能和他一般见识呢……”如果你维持己见，就会有人说：“你怎么这么小气啊，太不善良了……”

以上种种，其实都属于道德绑架。所谓道德绑架，是指以道德为砝码，要挟个人或众人不得不做某些事情。喜欢对别人进行道德绑架的人一般是思想道德低下的人，他们认为资源多的人就必须帮助资源少的人，这样才能达到一种心理平衡，也顺带获得了帮助别人的虚荣感。从这个角度来说，道德绑架其实就是弱者的无理取闹，言外之意是：如果你不纵容我，你就是没道德。乐于助人是美德不错，但对于那些道德绑架的行为，我们有必要学会拒绝。

当一个人触犯了你的原则和底线时，不要碍于面子，随随便便让步。原则和底线是一个人的尊严，连尊严都失去了，还要面子干吗？想要有尊严地活着，就必须坚守原则和底线，无论什么时候，我们都要明确这一点。谦让是一种美德，我们可以谦让，但不能事事谦让。别以为把喜欢的东西、喜欢的人、能够胜任的工作让给别人，自己就很伟大，在让出去的时候，你心里真的舍得吗？不舍得还要让，那不是懦弱，就是虚伪。

有的人凡事都以自己为中心，自己有能力做的事不做，偏找别人帮忙，不管别人在做什么，都强迫对方把自己的事放在第一位。对于这种人，我们不用磨不开面子，直接果断回绝，别管他说什么。就像王小波说的那样："人在世界上有两大义务，一是好好做人，二是不能惯别人的臭毛病。"

人都是容易得寸进尺的，有一项心理学研究专门针对这种现象做了实验。实验中，研究人员扮成义工来到一个小区，挨家挨户解释，由于附近的交通事故频繁，希望附近的居民在他们的院子里树立"小心驾驶"的标志牌。由于标志牌非常大，竖在院子里明显会破坏花园的景观。不出意外，很少有居民愿意这么做。

随后，研究人员去了另外一个小区，这次，他们请居民在院子中竖立一块"做个安全驾驶员"的标志牌。这次的标志牌只有3英寸见方，所以几乎所有居民都乐意这么做。两周后，研究人员再次到访，请第二组居民把原来的小标志牌换成更大一些的牌子。令人吃惊的是，有超过七成的人愿意竖立那个又大又丑的标志牌。这一概念被称作"登堂入室"，即首先让对方接受一种可以接受的东西，然后慢慢换成更加夸张的要求。

一个人如果接受了别人的小要求，别人在此基础上再提一个更高点儿的要求，这个人一般都不会拒绝，心理学家将这种现象称为"登门槛效应"，也叫"得寸进尺效应"。

从上面的研究中，我们可以看出，得寸进尺的现象是普遍存在的。所以以后在答应别人的请求之前，我们要留心这一点，防止别人得寸进尺。

别人一再请你帮忙，你一再不好意思拒绝，那对方就会一步步逼近你的底线，直至把它侵蚀掉。当一个人完全丧失底线的时候，就会像木偶一样，任人摆布。因此，触及底线的事情是绝对没有商量余地的，我们一步也不能让，而且一定要态度坚决，让对方再也不敢在同类事情上打你的主意。

◎ 捐款与爱心画等号吗？

做善事是一种发自内心的奉献，不能有私心杂念，也不能借此攀比炫耀。捐款值得提倡，不过，要怎么捐、捐多少，应出自个人意愿，不能用捐钱多少来衡量一个人的道德。不捐款就是没爱心，这种想法是狭隘的。

小陆的单位有一名员工，前两天在岗位上突发疾病，去世了。由于单位资金吃紧，而员工家里的经济又比较困难，所以单位便召开职工大会，号召全体职工捐款，并声明捐款后将公示捐款详单，也就是说，谁捐了，谁没捐，捐了多少，所有人都一目了然。

小陆心里很抵触这种做法，一方面，他和妻子每个月光是还房贷就已经很吃力了，另一方面，他和这位员工连面都没见过，根本就不认识。这种情况，他不捐款也是情理之中的事，可单位说要公示详单，这和强制捐款有什么区别？同事之间抬头不见低头见的，别说不捐，就是比别人捐得少了，都会被人说三道四。

小陆见身边的同事都颇有怨言，心想，既然大家都和自己的态度差不多，单位应该会不了了之了吧。想不到，下班之前，小陆接到办公室的电话通知，让他去把捐款交了。小陆不知道是什么状况，便去办公室一探究竟。进了办公室，小陆吓了一跳，里面挤满了人。当他看到表格的时候更是惊呆了，原本嚷嚷着不想捐的同事，每个人的名字后面都齐刷刷地写着500元，只有小陆的名字后面是空白的。尽管万分不情愿，但小陆还是马上把钱交了上去。回家以后，他越想越郁闷，妻子叹了口气，安慰他说："捐都捐了，别上火了。换了是我，恐怕也会那么做。单位上上下下那么多人，不捐的话，以后怎么做人啊？大不了后半个月，我买菜时再算计着点儿，应该能维持到下个月。"

有些单位组织捐款时虽然名为"自愿"，实际上却通过各种手段强制员工。还有一些单位在捐款捐物的同时，要求冠名，广邀媒体大肆宣传，用以树立企业形象。这种功利的做法完全背离了慈善的本质，使原本扶助弱势群体的爱心，变成了令人反感的作秀，这恐怕会令越来越多的人对做善事失去信心。

对于捐款攀比的现象，中国第一家民办公募基金会——壹基金的创办人李连杰说过这样一番话："看到网上那些排行榜，我觉得很遗憾，爱心怎么能用金钱来衡量呢？如果我就只能捐一元，我难道要去跟比尔·盖茨比爱心吗？有的人一冲动，捐一个月工资，要是这样连续三个月，他就变成贫困户要我们去救了。"

李连杰筹备壹基金时，曾去找一个做生意的朋友帮忙，这位朋友大约有上百亿的身家。得知李连杰的来意后，朋友说："出钱，好啊，10万元。"

李连杰笑了："不会吧，我跟你的交情，你又有这么大的身家，就给我10万元钱，说句不好听的，打发要饭的也不止10万元钱呀！"

朋友说："连杰，你跟我来。"

说完，他把李连杰拉到他的办公室，李连杰看到了十几万封要钱的信。

朋友说："我每年都会拿出一亿五千万港币摆在这里，谁要捐款，我就10万10万这么给，直到把这一亿五给完。明年再拿一亿五，再这么给。"

李连杰理解了这位朋友，更加坚定了壹基金每人只捐一元钱的想法。壹基金的理念是：1人+1元+每1个月=1个大家庭。也就是说，每个人每个月捐一元钱，集合大家的力量，让小捐款变成大善款，随时帮助有需要的人。

想帮助别人，有钱的可以出钱，没钱的可以出力。善无大小，尽力而为。做善事需要的是慈悲心，不是分别心。不捐款的，不必内疚；捐一元钱的，不必嫌少；捐一个亿的，也不必在道德上有优越感。

◎ 要孝顺，但不能愚孝

在中国，无论孩子多大，在父母的眼里都是孩子。无论是高考填报志愿专业，还是工作、结婚、生孩子，父母都要插手。他们常以"过来人"和"为你好"为由，迫使子女无条件顺从他们。

如果子女不愿意服从，就要受到各种舆论的指责，自私自利、好心当作驴肝肺，这还是轻的，严重的会被说成是大逆不道。

王鑫大学毕业后，顺利进入一家知名的建筑企业，担任出纳。上班半年多，由于工作表现出色，他便被公司派往湖南，担任公司承建项目的出纳，负责支付材料款、工人工资等。从 2012 年 3 月开始，公司陆续给王鑫打款 300 多万元，用于各项开支。2012 年 4 月，王鑫一连几天没去上班，单位的领导和同事想了各种各样的办法，都没有联系上他。

一星期后，王鑫主动与公司取得联系，并回到公司。不过，他回来的第一件事就是向领导坦白，说自己挪用了公司工程款。领导大吃一惊，赶紧派人对账，结果发现，公司的账面上亏空了 100 万元。

原来，忠厚老实、被亲戚朋友称为“孝子”的王鑫有个嗜赌的母亲，母亲在赌场上欠了很多钱，经常有债主上门追债。可母亲不但不知悔改，还经常跟王鑫要钱，用于赌博。

母亲打算去澳门赌场翻本，就找儿子借钱。王鑫明知道母亲赌博欠债已经成了无底洞，可碍于母亲是自己唯一的亲人，他最终还是答应了母亲的请求。

王鑫一下子就从公司账上挪走了 100 万，然后亲自陪母亲去了澳门。俗话说，十赌九输，在澳门赌场，母亲把 100 万输得精光。

见挪用的公款无法归还，王鑫自知无颜面对公司领导、同事，于是选择了离开。不过他并没有逃避，而是四处筹钱，想弥补账上的亏空。然而，100 万元不是小数目，实在借不到钱的他只好回单位向领导坦白。公司选择了报警。

子女不惜牺牲自己、自己配偶和孩子的利益，一味地对父母做出极大的牺牲，只要是父母说的就听从，甚至认为父母只有对没有错，如果忤逆了父母的意思就是大逆不道——这不是孝顺，是愚孝。

真正的中国文化是反对〝愚忠愚孝〞的。《孔子家语》中记载了这样一个故事：

曾参小时候跟父亲一起去地里干活，曾参不小心把庄稼锄断了，父亲大怒，把曾参狠狠地揍了一顿，也许是下手太重，曾参竟被打昏了。父亲以为自己失手打死了儿子，伏在“尸体”上大哭。过了很久，曾参才醒过来。为了不让父亲担心，醒后的曾参说自己一点儿都不疼，回家后还弹起琴来，以证明自己无恙。

这件事被孔子知道了，他很生气，跟弟子们说：“告诉曾参，以后再别到我这儿来了。”曾参不解，托人询问缘由。

孔子以大舜事亲之事为例，说明了什么才是真正的孝：舜的父亲叫瞽叟，为人糊涂，他后娶的妻子对舜很不好，欲除之而后快，她经常怂恿瞽叟责打儿子，甚至还设计想杀死舜，舜几次险些丧命。舜虽孝顺父亲和后母，但并非任何时候都逆来顺受，他秉持的原则是“小棰则待过，大杖则逃走”，也就是，面对父母小的责罚，安然顺受，但父母要杀自己的时候，就尽力避开。

在孔子看来，在父母对自己起杀心的时候躲开，以免他们背上杀子的恶名，这才是真正的孝。而曾子见父亲下了狠手，却不想办法躲开，万一父亲失手，将他打死，父亲将置于何种境地？

盲从的儿女并非孝顺，而是愚孝。反之，不顺从父母的意思，反对父母的做法，也并不一定都是不孝。

曾子听了这番话，恍然大悟，连忙去拜谢老师的教诲。

说起孝顺，很多人都认为光宗耀祖就是一种孝顺。喜欢把光宗耀祖挂在嘴边的长者常说的一句话就是："你一个人是好是坏无所谓，要为整个家族考虑考虑啊……"这迫使很多子女把光宗耀祖视为终生理想，在做人和做事的时候，他们考虑最多的是整个家族，而不是自己。子女为了祖先和父母去拼搏，去追逐功名利禄，为的是能够履行尽孝的义务，对他们有个交代。

许多子女都背上了沉重的包袱，如果有幸功成名就，就觉得光耀门楣、风光无限；如果不能出人头地，就无法面对父老乡亲；假如身败名裂，就觉得无颜活在世上。

子女因为感恩父母的养育而自愿尽孝，那是发自内心的感情，如果父母自以为对孩子有养育之恩，便理所当然地要求子女必须偿还，那不就成了交易了？父母尊重孩子的选择，才是真正爱的表现，孩子努力把自己的生活过得更精彩，不让父母担忧，才是真正的孝顺。

每个人都要有独立的人格，谁也不是谁的附属品，每个人都有权做出自由的选择。不要让光耀门楣成为你的桎梏，拼搏努力不是为了光耀门楣，而是为了自己。随着时代的变迁，我们的价值观也要跟着变一变了。把光耀门楣视为理想没什么不对，但成功的路有千条万条，不能一味地追求升官发财、有权有势，把这些视为成功的唯一标志。

◎ 不帮忙转发就是不够朋友？

如今，随着微信的流行，拿出手机刷朋友圈已经成了很多人生活中必不可少的一项内容。然而，很多人发现，用来沟通和交流的朋友圈，已经渐渐被心灵鸡汤、代购广告、点赞、不靠谱的传言充斥，求点赞的、求推广的、求转发的……让人眼花缭乱，有时候也烦不胜烦。帮忙点赞、投票还算是举手之劳，无伤大雅，不过凡事都不能过度，否则只能惹人反感。至于点赞、转发，还是三思后行的好。

近期，拼团采购在朋友圈中流行起来，对于这种新鲜的购物方式，有的人很欢迎，也有人为此苦恼不已。

小徐是一家公司的白领，在她的微信朋友圈里，许多亲戚朋友轮流发各种水果的拼团信息，到处拉人组团下单。刚开始，她还觉得新鲜，拼单买的水果确实比超市要便宜，可渐渐地，她有些吃不消了。拼团采购的水果质量参差不齐，不是每次都令人满意。最近几个月来，她家的水果真是多到吃不完，几乎每隔一两天，就会收到拼单的信息，都是亲戚、朋友、邻居发来的，她想拒绝，可又磨不开面子，特别头疼。

水果拼单实质上是一种变相的团购，至于靠谱与否还要消费者自己来判断。有业内人士分析，微信拼团是一种营销手段，通过裂变的方式让更多人知晓自己的产品，达到薄利多销的目的，但是被不法商人利用，就出现了各种骗局。有的借助团购来卖劣质水果，有的虚拟团购只为吸粉加关注，个人信息泄露这样的事屡见不鲜。

朋友圈里除了拼团以外，还有不少麻烦事。比如，经常遇到搞〝众筹〞的，面对恳切的言辞，很多人不好意思拒绝。

“今天是我的生日，想送我生日礼物的各位亲，直接发红包就行了。”

“想买台 iPhone 6，求各位帮帮忙凑个份子钱，只要 10 元，多谢多谢。”

“世界那么大，我想去看看，求各位打赏点儿，帮我实现这个心愿吧，不胜感激。”

人与人之间健康的关系应当建立在互惠互利的基础上，真正的朋友也不会因为没有帮忙而与你疏远。如果不想帮忙，就直截了当地拒绝，用不着解释太多。

不少人有过帮微商朋友转发广告的经历，有些时候，那些广告里的产品和服务自己没有体验过，甚至连听都没听过，之所以愿意帮助朋友转发，完全是出于友情，或担心驳了朋友的面子。

林小姐交友广泛，微信朋友圈有几百位好友。不久前，林小姐的一个关系比较好的朋友在朋友圈里推销面膜，请林小姐帮忙转发面膜广告。林小姐有些为难，可朋友说自己刚刚创业，最需要的就是朋友的支持，又说了一些令人心酸的话，林小姐见朋友创业艰难，就答应了她的请求，把面膜广告转发到朋友圈里去了。谁知几天后，林小姐接到一位好友的电话，埋怨说购买了林小姐转发广告中的面膜，收到的却是“三无”产品，皮肤严重过敏，要求她承担责任。最后，林小姐只好自掏腰包买礼物安抚这位好友，这件事才得以平息。

如果有朋友要求帮忙转发广告，而你自己没用过，不知道效果如何，最好不要轻易转发，以免损害他人利益，给自己招致不必要的麻烦。从 2015 年 9 月 1 日起，我国的新《广告法》开始实施，根据新《广告法》的规定，自然人在自媒体发布广告需要承担相应的法律责任。也就是说，作为广告的转发人，是要对广告的真实性承担责任的，因此，再帮朋友转发广告时，一定要谨慎了，因为稍不注意，你可能就会摊上事儿，如果引发纠纷，还会涉及相关赔偿。

对于疑似谣言的消息，一定要谨慎对待。帮朋友转发之前，一定多想想、多查查，看文章来源于哪里，证据链是否充分，是否以商业营销为目的。如果发现原创的短信、微信等有明显的问题，就不应该转发，否则一旦产生严重的后果，会被追究法律责任。如果是跟你关系很好的人，可以就事论事，态度友好地提醒对方，不过最好私下讲道理，别公开指出来，以免对方难堪。只要对方明事理，就一定能接受你的好意，不会伤害彼此的感情。

不管通过朋友圈分享什么，都要掌握尺度，如果成了心理负担、人情负担，甚至被商家企业挟持、绑架，就完全失去了分享的自在和乐趣。朋友圈只是我们与外界沟通的一种工具，是人际交流的一种补充，只是为了方便交流。如果朋友圈里的烦恼多过快乐，何不换一种沟通方式呢？朋友之间的来往并非只有这一种途径，没事的时候打个电话问候一声，或者相约出去，面对面沟通不是更好吗？

每个人都是独立的个体，彼此之间的认知不可能完全一致，需要彼此包容和体谅，无论在网络上还是现实当中，人和人之间的交往都应如此。

11 >> 别不好意思求助

◎ 谁都有需要帮助的时候

战国时期，有个名叫许行的楚国人来到滕国，他和几十个门徒穿着粗麻织成的衣服，靠编草鞋、织席谋生，以能自耕自足、不求他人为乐，并据此指责滕国的国君不明事理。在许行看来，人不能依赖别人，不能向人求助，所以身为一个真正贤明的国君，他既要替老百姓服务，同时还要和老百姓一样自耕自食。如果自己不耕种而要别人供养，那就不能算是贤明的国君。

一个叫陈相的人把许行的所作所为及其主张告诉了孟子。

孟子问陈相："许行一定只吃自己耕种收获的粮食吗？"

陈相回答："是的。"

孟子接着又问："那么，许行一定自己织布才穿衣吗？他戴的帽子也是自己做的吗？他做饭的铁甑都是自己亲手浇铸的吗？他耕作用的铁器也都是自己亲手打制的吗？"

陈相说："不，那些物品是他用米和草鞋交换的。"

孟子说："既然如此，许行说的那些话就是毫无道理的嘛。"

许行主张自给自足，绝不开口求人，然而，通过孟子的提问，我们可以看出，即使许行竭尽所能去自给自足，他仍然需要与人打交道，用自己种的粮食和编的草鞋去换取生活必需品。生活在社会之中，没有人能完全脱离他人的帮助，从不有求于人。

有的人性格比较内向，遇到难题时，就算再怎么走弯路、浪费时间，也不愿意开口麻烦别人。坚持独立当然是好事，但如果凭一己之力无法解决问题，就应该开口求助于别人。有些事对你来说很难，但对别人来说可能就是小事一桩，既然如此，我们何不大胆一点儿，麻烦对方一下呢？

四年前，小宇就读于一所设计学院，是一名大四的学生。毕业之前，一位来自上海著名企业的总裁来到他所在的大学做了一次演讲。那位总裁的演讲精彩极了，在场的许多学生都受到了鼓舞。小宇听过演讲之后感慨万千，同时也对那位总裁充满了敬佩之情。

这时，小宇忽然很想把自己亲手设计的图纸拿给那位总裁，希望他能给自己一些指导意见。可是，他心里很犹豫："这样做是不是太唐突了？如果我设计得不好，岂不是会被耻笑？"后来，他把心一横："反正我们素不相识，就算设计得不好，也顶多被奚落几句。怕什么呢？"就这样，他大胆地把图纸递给了那位总裁，并希望他能给自己点评一下。

他把电话留给了那位总裁，几天之后，总裁打来电话，让他意想不到的是，自己的设计受到了总裁的高度评价，对方还鼓励他继续努力，说他将来一定前途无量。

没过多久，小宇面临毕业实习，而实习地正好在上海。他在上海没有亲戚朋友，唯一认识的就是那位总裁，小宇想让对方帮自己联系一家实习单位，可毕竟只有一面之缘，人家能愿意帮忙吗？小宇实在没有别的办法，只能再一次硬着头皮给那位总裁打了一个电话。没想到，总裁一口答应了，而且没过几天就通知他去一家著名的设计单位报到。实习期结束的时候，小宇表现出众，实习单位以高薪聘用他留在公司任职。小宇凭借出色的设计，很快就成了公司最器重的精英。

关系是走动出来的，要是你从不找别人帮忙，别人遇到困难的时候，当然也不好意思来麻烦你了。

在社交心理学中，有一种现象很耐人寻味，人们称之为“本杰明·富兰克林效应”，总结起来，这种效应说的是：人都喜欢帮助别人的感觉，因此，当你开口求助时，对方不但乐意帮忙，而且还会对你更有好感。

本杰明·富兰克林是18世纪美国著名的政治家，当时，他想和一位议员建立友好的关系，可不管他怎么示好，对方就是无动于衷。后来，富兰克林想了一个办法——开口向议员借一本绝版书。议员把书借给了富兰克林，更让人意外的是，从那以后，议员对富兰克林的态度变得越来越客气，两个人渐渐成了好朋友，议员还表示，如果富兰克林有需要的话，可以尽管开口。

人都是渴望被需要的，对大多数人而言，帮别人一点儿小忙是件很愉快的事。所以说，当你请人帮忙的时候，不是在给别人添麻烦，而是在增进双方的感情。

当然，我们也不能什么事都请人帮忙，如果是自己力所能及的事，就别给他人添麻烦了，每个人都有自己的事情要做，要为他人着想。另外，总是请别人帮忙，久而久之，难免养成依赖别人的坏习惯，丧失人格上的独立。只要把握好这个度，请人帮忙就没什么难以启齿的。

俗话说："一个篱笆三个桩，一个好汉三个帮。"一个人能力再强，也不是万能的。人与人之间的交往离不开互相帮助，这次别人帮了你一把，当他有困难的时候，你再帮他一把，这样不是很好吗?

◎ 求人办事，脸皮别太薄

出于工作、生活的需要，我们有时候需要找人办事，遇到好说话的人，事情可能很容易就办成了，遇到难缠的人，我们就可能一而再，再而三地碰钉子。脸皮薄且做事前怕狼、后怕虎的人，在遇到这种情况时总是退缩不前，拉不下脸去争取。

如果我们只能求助于这个人，但对方确实力不从心、爱莫能助，那自然没话说。如果对方只是找理由敷衍你，那你就拿出不达目的不罢休的劲头来，尽力争取争取。

有一名做销售的下岗女工，在报上看到了一家公司招聘销售业务员的广告，赶忙跑去应聘。结果老板告诉她，她来晚了，招聘工作已结束了。

老板这个说法只是一种借口，其实老板根本没看中她，因为她年纪大了。现在做销售的，尤其是待遇好的公司，大都是20岁左右的年轻人。但这位女工十分想得到这份工作，因为她在另一家公司时推销过这家公司的产品，手里有一定的客户资源，推销起来会比较容易成功，但无论她怎样解释和争取，老板似乎是铁了心不要她。

按常理来说，事情到了这种地步，一般人会选择放弃，然而这位女工却没有。她三天两头地去公司，对老板软磨硬泡，一遍遍地介绍自己的营销经历和经验，诚挚地表示愿意为公司效力。但老板懒得理她，甚至多次轰她出去，还告诉门口的保安不准放她进来。

公司她不能去了，她换了另外一种“骚扰”方式，隔三岔五地给老板打电话或者发短信，尤其是周末或者是节日，她总是少不了献上一个慰问电话或一条祝福的短信。起初老板烦得要命，见是她的电话要么不接，要么骂上一句：“你能不能让我安静一会儿？”“你就死了这条心吧，我不会要你的。”

不管老板怎么说，女工都和颜悦色，从不生气。毕竟人心都是肉长的，时间长了，老板对她的态度温和起来了，偶尔地还和她聊上一句半句的。

半年后，老板终于开恩了，这位下岗女工终于如愿以偿地在这家公司做了销售员。再后来，由于业绩斐然，她被提升为销售部的总经理。

谈及当时的情景，老板说出了实话：“不是你的勇气感动了我，而是你的脸皮比城墙还厚，都把我骚扰怕了，我觉得不把你打发了就没有好日子过。但你这种不把自己推销出去决不罢休的执着劲儿，正是做任何工作都不可缺少的职业精神。”

人都是有感情的，有的人最初不想帮你的忙，是因为你们之间没有感情，谁都知道，“多一事不如少一事”，所以他们不帮忙是可以理解的。不过，你不能因为碰了个钉子就放弃了，只要没到山穷水尽的地步，总要尽力试一试。如果你能用诚意打动对方，你的事就有希望了。

小马是一家空调公司的销售员。当时，各个公司的空调产品竞争异常激烈，促销战和价格战打得如火如荼，销售员承受了很大的压力。小马准备向一位敬老院的负责人推销产品，这家敬老院的规模很大，如果谈成了这笔生意，就可以一次卖出 200 多台空调。

他进了办公室，向负责人做了自我介绍，然后就开始进行推销，可对方对他非常反感，把他轰了出去。小马觉得莫名其妙，经过一番调查，他找到了原因，原来这位客户比较务实，不愿意听天花乱坠的话，而且他已经有了初步意向，想订购另一种品牌的空调。

对自己的失败进行了总结后，小马想出了一套新的推销方案。可是，他屡次上门，都被对方拒之门外，小马觉得很难堪，可他并没有恼怒，也没有放弃。他对敬老院的各个房间进行了观察，发现这里大部分房间的面积都不大，如果选用自己销售的空调，会比另一种品牌省电，于是，他把自己的调查结果写成详细材料，托敬老院的工作人员交给负责人。

不久，小马接到了对方的电话，那位负责人约小马过去详谈。小马登门以后，认真回答了对方的问题，遇到无法解答的问题时，他就拿出纸和笔记录下来，并告诉对方，自己回去调查清楚以后会给出回复。小马一丝不苟的态度令对方非常满意。最终，小马成功地拿下了这批订单。

很多时候，你托人办事，对方推着不办，并不是不想给你办，而是有一些实际的困难，或心中有所疑。人心都是肉长的，只要你善于用行动证明你的诚意，就会促使对方改变对你的看法，进而理解你的苦心，从固执的框子里跳出来。那时，你想办的事就有希望了。

不要光想着面子，还要看到比这更重要的东西，有求于人的时候，脸皮不妨稍微厚一点儿。对方脸色难看，挖苦几句，这都不算什么，只要不伤及自尊，能达到你想达到的目的，就应该尽力一试。

◎ 不懂就问，这没什么丢人的

虽然〝三人行，必有我师焉〞这句话可以说是家喻户晓，但很多人并不能做到这一点。人有个通病，就是时常看到自己的优点和别人的缺点，却很少能看到自己的缺点和别人的优点，因此，重温〝三人行，必有我师焉。择其善者而从之，其不善者而改之〞这句话，认真领会它的深刻含义，并努力去做，还是很有必要的。

只要是不懂的问题，就应该问个明白，即便是向学问不如自己的人请教，也没什么丢脸的。然而，有的人总是自视甚高，觉得向人请教会降低自己的身价，抱着这种态度是不会有好处的，有个故事就能说明这一点：

一家研究所里来了个博士，他仗着自己的学历是全所最高的，就总有一种高高在上的优越感，平时和同事很少交流。一天雨后，博士去单位后头的小池塘钓鱼，正好遇见了正所长和副所长，两人也在那里钓鱼。博士冲他们点了点头，没说话。在博士看来，虽然他们身为正、副所长，但学历只不过是本科，跟他们没什么好交流的。

过了一会儿，正所长站起身来，松了松筋骨，随后，让博士目瞪口呆的一幕出现了：只见正所长径直走进水里，不但没有掉进去，反而从水面上轻松地走到了对岸。这是怎么回事？难道他会传说中的轻功“水上漂”？博士心里好奇，可又不好意思去问，就在这时，副所长也从水上“漂”到了对岸。正、副所长都到对岸去上厕所去了，只留下博士一人。博士内急，也想去对岸方便，可绕过池塘得花不少时间，怎么办？“既然他们都能过去，想来也不是什么难事。”博士把心一横，“我也试试看。”

他学着正、副所长的样子踏进池塘，只听“扑通”一声，他掉进了水里。两位所长急忙跑来救人，好不容易才把他拉上岸，这下子，博士终于忍不住问道：“为什么你们两个都能从水上漂过去呢？”

听他这么一问，两个所长哈哈大笑，副所长说道：“哎呀，我们哪里是漂过去的呀？告诉你吧，池塘中间有个小木桥，只不过刚下完大雨，被雨水淹没了，你看不到而已。我们熟悉木桥的位置，所以就走过去啦，你想过河就问问我们嘛，何至于弄成现在这样！”

博士自以为学历比别人高，就有一种高高在上的优越感，遇到问题时不愿意向人请教，怕有失身份，于是闷不吭声地去学人家施展轻功〝水上漂〞，结果掉进了池塘，惹出了笑话。

遇到不懂的问题，我们不只要问，还要问个明白。不过既然是有求于人，就应当拿出谦逊的态度来，不能傲慢无礼，或者心里不服气，嘴上和人抬杠。

《艾子杂说》中讲了一个营丘之士的故事：

艾子游历各国，甚至还去过龙宫和地府，是个很有学问的人。一天，他遇到了一个营丘的读书人。这个营丘人学识浅薄，不愿意虚心请教，还总找机会跟人抬杠。

营丘人问艾子："大车下面和骆驼的脖子上为什么总挂着铃铛？"

艾子说："大车和骆驼在夜里行进时，为了防止和对面来的人或车迎头相撞，所以就挂上铃铛，作为提醒。"

营丘人又问："塔上面挂铃，难道也为了叫人准备让路吗？"

艾子笑着说："鸟雀喜在高处筑巢，鸟粪很脏，塔上挂铃，风一吹，铃响起来，鸟雀就给吓散了。"

营丘人还问："鹰的尾巴上也挂着铃。哪有鸟雀到鹰的尾巴上去筑巢的？"

艾子大笑："你呀，你呀！鹰的尾巴挂着铃，不是防止鸟雀筑巢的。鹰出去捉鸟雀时，脚上绑着的绳子会在树枝上缠住，它一扑翅膀，铃就会响，人们就可以通过声音找到它了。"

营丘人继续追问："我见过送丧的人手里晃着铃铛，嘴里唱着歌，那也是因为怕缠在树枝上吗？”

艾子不悦，讥讽道：“死者生前好给人出难题、跟人抬杠，送丧的人摇铃铛，是为了让他高兴一下。”

想要求知，可千万别学这个营丘人的做法。艾子解答了营丘人的问题，可营丘人并未表示感谢，反而一再抬杠，暴露了自己的浅薄不说，还把艾子惹生气了。艾子见他存心抬杠，不想与他继续纠缠下去，只好出言讥讽。营丘人受到讥讽，是自取其辱。

人与人之间本来就应当互相尊重，更何况是你想从人家那里学知识呢？人家教给你知识和本领，帮你进步，应该感谢才是。

不管你的身份如何、地位如何，遇到难题时，都可以向人请教。不要担心丢面子，虚心请教从古至今都是值得称颂的美德，一个人谦虚谨慎、有上进心，这是好事，谁会笑话呢？就算被奚落几句、嘲笑几句也无妨，通过别人的指教，你也许会少走很多弯路，还有可能掌握新的本领和技能，比起这些，几句闲话又算得了什么？

12 >> 别人不给面子又何妨

◎ 谁都有被人怠慢的时候

在与人相处的时候，我们都希望别人对自己热情周到、彬彬有礼，然而，冷落和忽视是无法避免的。受到冷落时不要灰心丧气，也不要勃然大怒、拂袖而去，要先分清对方是有心还是无意。有时对方不是有意慢待，只是因为性格原因或者一时大意而忽略了你。

小莫到多年不见面的同学家去探望。这位同学已是商界的知名人物，每天来拜访的人很多，他十分疲劳。因此，对来家的客人，只要不是特殊关系的，一律不冷不热待之。小莫以为自己会受到热情款待，不料发现同学对他不冷不热，心里顿时有一种被慢待的感觉，认为此人太不够朋友，小坐片刻便借故离去。他愤愤然，决心再不与之交往。可后来才知道，朋友对别人的态度一向冷淡，并不是针对他一个人的，况且他和人家不算深交，人家态度冷淡，也在情理之中。

自尊心过强、脸皮太薄的人通常都比较敏感，有些时候，别人也许只是开个玩笑，就会让他觉得受到了冒犯。不要做易碎的玻璃，也不要钻牛角尖。不要因为对方的冷淡而埋怨，或是觉得尴尬，认为对方在针对自己。想得太多，伤的是自己。说者无心，听者有意，随随便便一句话，说的人可能早忘了，你却要想东想西，琢磨来、琢磨去，多累呀！

小方到新公司快半个月了，和同事的关系却还停留在淡如水的阶段，看着其他同事亲亲热热，小方又羡慕又无奈。这天是周五，行政部的王小姐大声宣布："明天我生日，我请大家吃饭，愿意来的明天下午3点在公司门口会合！"大家听了都非常高兴，叽叽喳喳议论个不停，当然，小方依旧是被冷落的那一个。"去不去呢？人家又没邀请我。"下班后小方一直在考虑这个问题，最后一咬牙，还是决定去。第二天，他准时来到公司门口，当他把准备好的礼物送给王小姐时，王小姐明显愣了一下，但马上就笑开了，并对小方表示了热情的欢迎。那一天他们玩得非常尽兴，小方也成功地融入了这个集体。

想要和别人交朋友，不妨主动一点儿，脸皮厚点儿。别人对你爱理不理，甚至是奚落和嘲讽时，不妨把它当成一种动力，鞭策自己变得更加优秀。

因为家境贫穷，成龙很小的时候就被父母送进了戏班。几年后，由于整个行业衰落，他所在的戏曲学校面临倒闭，除了当打手和去片场跑龙套以外，他没有别的出路。于是，成龙进入邵氏影业，跑起了龙套，从此开始演艺之路。

成名之前，籍籍无名的成龙没少受人奚落，但为了争取更多的机会，他只能忍气吞声。

在大片场跑龙套时，一切都要听导演的，成龙没有说话的资格。当时，成龙接了一部古装戏，按照剧情安排，剧中有三个女人喜欢成龙扮演的角色。担当主角的一位著名女演员向导演抱怨，说成龙长得难看，令人讨厌，不想跟他一起拍戏。成龙听了以后觉得无地自容，找了个没人的角落偷偷掉眼泪，开拍时，他擦干眼泪，继续扮演那个曲意逢迎，讨好女主角的角色。

又过了几年，成龙在演艺圈中渐渐混出了名堂，干爹罗维为了捧红他，费了许多心思。当时古龙的武侠片是最火的，几乎谁演谁红。于是，罗维找到古龙，买下了版权，想在接下来的武侠剧中让成龙担任男主角。谁知，古龙见了成龙，对他的长相很不满意，醉酒后说竟当着他的面说："我的小说是给姜大卫和狄龙他们拍的，不是给你拍的。"

成龙被古龙如此看扁，却又不好当场发作，只能借故去洗手间痛哭了一场。三十年后，古龙已经逝世。做客《艺术人生》时，主持人问成龙："你恨古龙吗？"成龙说："我感谢他。"

很多人在成功之前都有过类似的经历，别人看不看得起无所谓，自己首先得看得起自己。能不能得到别人的认可不重要，只要我们能为自己的理想和目标尽力就好。当你实力不够的时候，面子不值钱，想要将来有面子，就得懂得放下眼前的面子，低下头去，哈下腰去。当你有了足够的实力，就算你不想要面子，别人也会主动给你送面子。

◎ 迎着别人的嘲笑前进

人生中，我们难免遇到被拒绝的时候，比如去应聘，被用人单位拒之门外；向心仪的对象表白，结果不但失败，还被羞辱了一顿；陷入困境，请求别人帮助，对方冷漠地摇着头……

被嘲笑是一种耻辱，但知耻而后勇，知耻才能深刻地反思自己，才能真正地看清自己，进而激发出内心的强大动力。很多人都在别人的嘲笑中成功，把负能量变成了激励自己奋发向上的正能量。

巴威尔·利顿爵士不仅是英国著名的小说家、诗人、戏剧家、历史学家、散文家，同时还是卓越的演说家和政治家。虽然出身良好，但他并未像其他贵族那样沉迷于奢华的生活，而是选择了写作这项苦差事。

《杂草和野花》是巴威尔的第一部诗作，虽然付出了许多心血，但首部作品并未带来鲜花和掌声，取而代之的，是讥讽和嘲笑。当时，有文学家毫不客气地批判他的诗是“真正的杂草和野花”，还说：“巴威尔那家伙真是自不量力，以为凭一句‘啊，美好的生活’就可以跻身作家行列，真是可笑！”

虽然首部作品被称为文坛败笔，但巴威尔并未因此放弃，他继续投身于创作，不久，他的首部小说《福克兰》出版了，然而，这又是一部失败的作品，他因此受到了更恶毒的嘲笑和言语攻击。有的人甚至断言，巴威尔根本无法在写作上获得成就。

接连两次受挫，一般人可能早就退缩了，但巴威尔始终坚持写作，从未放弃。通过大量的阅读，他的写作水平突飞猛进，一年后，他的《伯尔哈姆》发表，这是一部令众多读者和文学家津津乐道的优秀作品。此后的三十多年里，巴威尔又陆续出版了许多轰动一时的好书。

巴威尔在一次次挫折面前没有退缩、没有放弃，他把失意化为动力，把坎坷给自己带来的力量付诸文字中，最终取得了成功。

王楠是世界乒乓球史上获得奥运会、世乒赛、世界杯三大赛女子“大满贯”的第一人，也是中国乒乓球选手中，获得世界冠军最多的一个，代表着一个全面辉煌的时代。然而，就在她觉得自己战无不胜的时候，却在釜山亚运会上遭遇了一个致命的打击。

2002年，王楠信心满满地带领中国女乒征战釜山亚运会，但这次志在必得的比赛竟然惨遭“滑铁卢”。在女子团体决赛中，中国队出人意料地以1：3负于朝鲜队，铩羽而归。其中，王楠连丢两分，先后败给金香美、金英姬。

比赛结束后，媒体对王楠狂轰滥炸，一改之前的赞誉和褒扬，对她恶语相向，有人甚至说她“该退役了”。

釜山亚运会失利后，王楠陷入人生低谷，就在这时，无情的病魔悄悄降临在她身上。半年后，她从家人口中得知，自己患了甲状腺癌。

从人生巅峰骤然跌至谷底，面对无情的挖苦和嘲讽，王楠对自己产生了怀疑。痛苦的她一度终止训练达半年之久。半年后，王楠重新振作，备战法国世锦赛时，她放低姿态，跟年轻选手一同训练。最终，她在法国世锦赛上独得四块金牌，再次向世人证明了自己。

嘲笑是一面镜子，每个人都能从里面看到真实的自己。当你被别人嘲笑时，不要怀疑自己，也不要一蹶不振，而是要检视自己的不足，迎着嘲笑继续前行。面对嘲笑、担当压力是人生中非常精彩的一部分，善于总结失败的经验并用心去沉淀，就能让你离成功更近。

◎ 如果有人拿你的短处开玩笑

有的人在社会交往中表现得比较敏感，很容易因为别人一句无心的话就感到紧张不安，或是觉得对方存心跟自己过不去。太较真就是自寻烦恼，我们要学会用平和的心态来对待人生中的不如意，有些事情不必过分在意。

小达的妈妈身高 1.62 米，爸爸身高 1.78 米，他们的身高应该算是标准的，可不知怎么回事，小达这个已经 26 岁的小伙子，身高却只有 1.58 米。上学时，他就总被同学笑称是从矮人国来的，还有两个男同学经常拍他的头，捏他的脸，管他叫“矮冬瓜”。长大以后，他的身高也常常是人群当中最“显眼”的。

有一次同事聚会，大家聊起各自小时候的绰号，有的人说自己叫肉包，还有的说自己叫鼻涕鬼，这时，有个同事打趣小达：

“你呢？我猜，你的绰号肯定是跟个头儿有关，对吧？”小达瞪了同事一眼，没有吱声。同事觉得莫名其妙，大家也都很尴尬。

类似的事情时有发生。同事们从没有取笑过他，可他总觉得别人的眼神不对，话里有话。小达意识到是自己太敏感了，他想和同事缓和关系，却又担心同事不谅解。

人生无非是笑笑人家，再让人家笑笑而已。

有的人开你玩笑，并不是真的想侮辱你，他要么是想对你表示亲昵，要么是想制造点儿氛围，博大家开心。在这种情况下，如果你不喜欢对方开玩笑，就和对方讲清楚，说自己接受不了那样的玩笑，只要你摆明态度，别人见你认真了，一般就不会再闹下去了。

人们常说：“打人不打脸，骂人不揭短。”揭短是指把别人的短处公之于众。这里所说的短处，可以指人的缺点、过往的不愉快经历或伤痛等。大概每个人都或多或少地会害怕被人当众揭短，这种滋味是很不好受的。当一个人被当众揭短时，让人害怕的不是短处本身，而是过去那段不堪回首的经历，正因如此，很多人无法接受别人揭自己的短，当对方当众揭短时，有的人会与之唇枪舌剑地争论，更有甚者还会勃然大怒，动起手来。

一天晚上，小斌和几个同学一起吃饭，几个人一边吃一边聊，过了一会儿，小曾开始吹嘘自己如何有本事，在社会上朋友很多，而小斌则吹嘘自己很会赚钱。两个人互不服气，就开始互相奚落，小曾指责小斌，说他平时很抠门儿，还当着其他几个同学的面，把小斌曾被判刑的不光彩往事抖了出来。小斌觉得非常尴尬，他气冲冲地离开饭店，回家取了一把菜刀，在饭店门口等候，等小曾几个人走出饭店时，小斌持刀追砍小曾，将他的头部、右前臂等部位砍伤。经鉴定，小曾伤情为轻伤二级，小斌因涉嫌故意伤人被警方逮捕。

小曾的揭短行径确实很卑劣，不过，小斌也不能因此大打出手。人们常说“不能用别人的错误来惩罚自己”，况且小曾说的也是实话，小斌确实坐过牢，可那又怎么样呢？既然已经是过去的事了，还计较它做什么呢？

不可否认，有的人揭短是出于恶意，但也有些人只是闹着玩儿，结果开玩笑开得过头了，如果是这种情况，就更没有必要翻脸了。有时候，你越是表现得在意，别人就越是想拿你寻开心，闹来闹去，反倒容易伤和气。

遇到别人有意揭短时，要保持冷静，千万不能冲动起来不计后果。你可以当作什么都没听见，对那个人不理不睬，让他自讨没趣。或者干脆找个借口离开，别因为这种不值得的事破坏自己的心情。

◎ 忍一时之气，并不会丢掉尊严

要面子是人之常情，然而，在日常生活中，不少人认为面子就是尊严，如果丢了面子，那就没有尊严了，事实真的如此吗？尊严与面子是完全不同的两个概念，我们不能将二者混为一谈。面子只是一时的逞强，是片刻的虚荣，是不敢面对现实的自欺欺人；而真正的尊严来自实力和自信。为了长远发展，我们可以牺牲眼前，为了真正的尊严，我们可以丢掉一时的面子。

孔子说："小不忍则乱大谋。"意思是说，如果不能忍受一时一事的干扰，不能克制冲动的欲望，就会因此而影响全局，甚至破坏即将获得的成功。忍小谋大，用把眼光放长远，别计较一时的成败得失。欲成大事，必须有善于忍耐的心性，知道什么时候该忍，才能赢得最终胜利。忍是因为目前还无力反抗或不必反抗，而当具备了相当的实力，就可以一举翻身、扬眉吐气了。

有些人认为，人要有铮铮铁骨，如果自己没错，就绝不能表现得唯唯诺诺，否则就是胆小怕事的怯懦之辈，会被人看不起。然而，一个人实力不够，"胳膊拧不过大腿"的事在所难免，我们应当审时度势，适度忍让。匹夫之勇可以逞一时之能，泄一时之愤，心里痛快了，面子风光了，但事情却搞砸了，后果无法弥补。常言道，"小不忍则乱大谋""君子报仇，十年不晚"，想要达到更高的目标，就不能在眼前的小得小失上计较。

韩信是西汉的开国功臣，也是中国历史上杰出的军事家，与萧何、张良并列为汉初三杰。韩信还未功成名就之时，在街上遇见一个泼皮无赖，无赖羞辱韩信说："你这个家伙平时总是带着一把剑，在街上晃来晃去的，以为自己很威风是吗？依我看，你根本没什么胆色。"

见韩信默不作声，那人气焰更盛了，叫嚣道："你不是有剑吗？你不是不怕死吗？你要不怕死，你就拿你的剑来刺我啊！你敢给我一剑吗？不敢吧？那你就从我两腿之间爬过去。"

这时，整条街的人都围过来看热闹。韩信看了对方一阵子，然后把头一低，从这个无赖的胯下爬了过去。

对一个男人来说，这是怎样的奇耻大辱啊！当时的韩信虽然落魄了，但好歹出身贵族，正所谓“士可杀，不可辱”，面临这种局面，韩信只有两个选择，要么杀了这个无赖，要么爬过去。杀了他后果会怎样？当然是一命抵一命。对于一个有远大抱负的人来说，只要能留住有用之身，再大的屈辱也要忍受。韩信不是胆怯，而是有着看清局面的睿智。韩信得封楚王后，找到了当年羞辱他的无赖，封他做了一名中尉，还对众人说："此人算是个壮士。当年他侮辱我时，难道我不能杀他？之所以忍下来，是为了留住有用之躯，今后做大事。"

在落魄时，韩信能忍小谋大，甘受胯下之辱，而成为三军主帅，名满天下时，他也并未报复当年令他受辱之人，这种豁达的胸怀更令人钦佩。

著名演员李连杰年轻时曾经跟着师傅学习拳击，师傅教诲他：“很多时候，人和人之间更需要的是忍耐，而不是拳头。所以你要记住，拳头只能在比赛的时候用，绝对不能因为生活中的琐事而对人挥拳头。”

一次，李连杰在火车遇到一位朋友，两个人正在聊天，不知为什么，身后有一个小伙子下车的时候用拳头狠狠地顶了他的脖子，还用挑衅的眼神看着他。李连杰很气愤，当时就想冲下车去，和对方好好较量一番，可他忽然想起了师傅告诫他的话，一腔的怒火渐渐平息了下来。他友好地冲那个小伙子笑了笑，对方感到很惊讶，随后露出了歉意的表情……

李连杰放下了气愤的拳头，用忍耐赢了对方，也让自己的心胸宽广了起来。

一时低头，不代表永远丧失尊严。忍显示着一种力量，是内心充实、无所畏惧的表现。忍是一种强者才具有的精神品质。

◎ 不要为了合群而委屈自己

进入一个新的工作环境时，大部分人都希望能尽快融入集体。由于对新人缺乏了解，很多同事会表现得很疏远、很冷落，甚至是排斥，这都很正常。任何人的工作都不可能一帆风顺，都会遇到各种各样的挫折，遇到问题不怕，关键是看我们怎么正确对待它。

小娜是公司新来的毕业生，初来乍到，第一天就带了水果分给同事。中午叫外卖，小娜主动说她来叫，众口难调，小娜就一个一个帮着点。下午的时候，她一刻没闲着，只要有人叫她做事，她都会很开心地去帮忙。

大家偷懒聊天，说起好久没聚会了，听说一家新开的餐厅味道不错，小娜忍不住搭话说："那个我吃过，很赞的！算我一个吧，我有电话，我来定位子。"然而，大家突然都噤了声。聚会之后，小娜听见一个同事抱怨："不知道为什么非要一起去，好尴尬，都没办法好好聊天……"

同样的情况发生了几次后，小娜发现自己挤不进这个圈子。

她开始非常用心地经营自己的工作，照样勤快、照样热情，只是不再主动参与工作之外的私人时间。办公室加班的人不多，小娜就是其中的一个，因为没有同事约，也没有额外安排，所以她常常加班到很晚。

一年后，公司有一个国外的项目，因为条件太苦，没人愿意去，小娜主动申请前往。半年以后，小娜出色地完成了任务。回到公司以后，她很快就成了业务骨干。年底，表现突出的她升了职，也加了薪。从那以后，同事们对她越来越热情。她发现，过去自己一直融不进去的圈子，一下子向她敞开了大门。

与同事之间相处得和谐与否，对个人在单位的发展有很大影响，因此需要谨慎对待，理智处理。发觉同事疏远你的时候，首先要分析一下，看看这种疏远是无意的还是无意的。有些时候，可能是你初来乍到，对人际关系太敏感了，所以才觉得别人对你很冷淡。

你到公司主要是为了工作，不管同事是有意还是无意疏远你，都要注意保持团结。如果同事没有刻意排斥你，就积极主动地融入集体，如果是有意的，那就不要急于让人家接纳你。人际关系不顺利时，就把精力投入到工作中，用实力去赢得别人的青睐。

中国社会注重人情，很多人都有体会，有人好办事。这从一定程度上说明了人脉的重要性，不少人热衷于混圈子，去参加各种聚会，其实就是为了扩展人脉。有句流行的话说："在圈子里混出面子，机会自然就有了。"真的是这样吗?

小严是一家公司的业务员，入行快半年了。因为业务量总是上不去，经理找了他好几次，有一次，经理批评他，说他工作不用心，还说：“跑业务靠的是什么？人脉！你看看小亮是怎么做的，三天两头出去应酬客户，跟客户处得像铁哥们儿似的，你要是有人家一半的本事，业务量能这么差吗？干这行就得拉得下脸，把客户像祖宗一样供着。你要是脸皮薄，干不了，就趁早走人！”

小严确实很少出去交际，最多就是约好友去看看电影，或者吃吃饭什么的，过去，他觉得只要自己真诚、踏实，就不愁业务谈不成，所以除了谈业务以外，他和客户之间基本没什么往来。被经理一番教训之后，小严下了决心，一定要把业务量搞上去。人家不是常说“舍不得孩子，套不着狼”吗？为了培养感情，小严开始频频约客户吃饭。

一次酒酣之际，客户宋老板打包票似的对小严说：“明天拿合同到我公司去吧！”

小严一听，不禁大喜过望。第二天一早，他就带着合同赶到了宋老板的办公室，秘书告知他，宋老板出差了。小严给宋老板打电话，另外约定了一个时间，可后来，宋老板多次推搪，签合同的事就这样不了了之了。

在各种社交场所扩展的各种人脉一般都不靠谱，表面上热热闹闹，实则只是虚假繁荣。混圈子认识的人，大多只是混个脸熟，一旦脱离了那些社交场所，该不熟悉还是不熟悉。小严以为混圈子能找到资源，这个出发点就是错的。资源这个东西不是找的，是换的，如果你没资源，拿什么和别人交换呢？人脉的本质实则是利益交换。如果你不够优秀，人脉是不值钱的，它不是追求来的，而是吸引来的。只有等价的交换，才能得到合理的帮助。扩大交际圈不是不好，但单纯依靠混圈子来拓展人脉、发展事业，是混不长久的。

13 >> 你并不比别人差

◎ “死乞白赖”才能抓住机会

渴望得到机会，渴望自身的价值被认可，是人之常情。每个人都有自己独特的才华，在适当的场合，不妨向人展示一下，为自己争取更多的机会。

有些人觉得采取主动很难为情，只要自己努力做事就好，时间久了，别人一定能看到。这种想法未免太保守了，天上掉馅饼的事发生的概率太小，与其坐在那里等机会，不如主动去创造机会。

汉武帝刘彻登基后，广招天下英才，并鼓励有才能的人毛遂自荐。不久，汉武帝收到了一封《上书自荐》，这封自荐信是东方朔写的，大致内容如下：

东方朔很小的时候，父母就不在人世了。是哥哥和嫂子把我养大的。12 岁那年，我开始书法的学习。文史方面的学问，我只用了三年就全部烂熟于心了。15 岁那年，我开始了剑法的学习。16 岁那年，我开始了《诗经》和《尚书》的学习。19 岁，我开始研究孙吴兵法，这两样加在一起，我可以将44万句话倒背如流。子路说的话，我都深有同感。

今年，22岁的我有九尺三寸高，我的眼睛明亮似珍珠，牙齿洁白像贝壳；我一身勇气，就如同不畏虎狼的孟贲；我飞一般的速度，就像快马也望尘莫及的庆忌；我清廉高洁，就像古时候只穿妻子织制衣物的鲍叔；我诚实守信，就像站在河边等候心上人，连河水上涨，也不愿离去的尾生。正因在下有如此才德，才敢冒昧向皇上自荐，请皇上恕臣死罪。臣东方朔再次叩拜。

东方朔还没展示自己的治国之才，仅凭文采就在众多儒士之中脱颖而出，成功地打动了汉武帝。汉武帝虽然很喜欢东方朔，但并没有给他多高的官位。东方朔只是一个下级顾问，与一同被选中的董仲舒相比，东方朔的官职要逊色得多，不仅如此，他平时想和皇上见一面都很难。

刚刚待诏时，东方朔志得意满，可惜，新鲜劲儿一过，他就觉得无聊了，心高气傲的他，怎么能容许自己在皇帝眼里可有可无呢？他思来想去，脑子里闪出了一个主意，于是就有了“长安索米”的故事——

东方朔见一班宫中乐人侏儒们从他身边经过，便声色俱厉喝道：“皇上说你们一点儿用处也没有，准备把你们这些白吃白喝的人通通杀掉！”

侏儒们吓得号啕大哭，求他出手相救。东方朔想了一想，说：“假如皇上路过这里，你们就跪下来求饶，或许会有点儿作用。”

过了一会儿，汉武帝从这儿路过，侏儒们齐刷刷、黑压压地跪了一大片，哭哭啼啼，高呼“皇上饶命”。汉武帝莫名其妙。

侏儒们说：“东方朔说皇上要把我们这些人全杀了！”

汉武帝一听，知道是东方朔捣鬼，便质问他：“你把侏儒们吓得半死，到底为什么？”

东方朔理直气壮地说：“那些侏儒们不过三尺，俸禄却是一袋米和二百四十钱。我身高九尺三，俸禄也是一袋米和二百四十钱。他们吃得肚皮都要撑破，我却饿得前心贴后背。如果陛下觉得我的口才还有用，就先让我吃饱饭。要觉得咱没用，就让咱滚蛋，别糟蹋京城的粮食了。”

汉武帝一听这话，乐了，立即将东方朔从公车待诏转为金马门待诏。这样，东方朔待遇提高了，和武帝接触的机会也明显多了。

成功不会自动送上门来，幸福也不会自动降临到一个人身上。这个世界上所有美好的东西都需要主动争取。只要对自己的能力有把握，毛遂自荐有何不可呢？

有些人不是不想展示自己，而是心存顾虑，担心被人说自己爱出风头，功利心重。适当展示自己是积极向上的表现，这和爱出风头是两码事，况且君子坦荡荡，管别人怎么说干吗？

林立刚从学校毕业分到公司时，只是一般的职员。那时，公司组队到市里参加排球比赛，他下班时正巧看到公司的排球队在球场上练球。看着队员们练球的身影，他产生了一些想法。小时候，他就喜爱排球这项运动，在学校时，他是校队成员，球打得不错。这次没能入选排球队，是因为他初来乍到，没人知道他的特长。林立很想在球场上露一手，就鼓足勇气拨通了领队的电话。他对领队说，自己球技还不错，希望能上场试一试。领队很欣赏他的勇气和胆识，便给了他机会，想不到，林立这一试，就让所有人刮目相看。此后，他成了公司排球队的主力，只要有比赛，就少不了他。他的毛遂自荐和出色的球技让很多人认识了他，并因此受到了公司领导的关注。

对于乐观向上的人，领导都乐于提携和帮助。想要改变自己的处境，必须积极行动起来，创造机会，把握机会。不展示自己，不拿出点绝活儿来，连生存都难，更别谈发展和成功了。

恩格斯说："发展和表现自己是生活的基本需要。"只要表现自己的东西是真实的，受表扬时不失自知之明，就足够了。把自己各方面的条件综合一下，如果达到了标准，就大胆为自己争取吧。如果无所作为，无论你多么矜持，都不会受到赏识。

◎ 不要因为出身不好而难为情

形成于封建时期的门第观念影响深远，几乎无处不在，其中最为普遍、最具代表性的就是婚配中讲究的"门当户对"。时至今日，这种观念仍然影响着很多人的恋爱和婚姻。

有的人见对方的家境比自己好，就觉得配不上对方，为了保住面子，避免被人说成是"攀高枝"，他们对于自己的家境要么刻意回避，要么说谎欺瞒。

王东出生在某贫困山村，家里祖祖辈辈都是面朝黄土背朝天的农民，后来，他凭借刻苦努力，考上了一所知名大学，毕业后还找到了一份不错的工作。

上大学的时候，因为家里贫困，他没少被同学嘲笑。如今虽然走出了穷山沟，但他对自己的家境还是非常在意，从不在别人面前提起。不久前，他交了个女朋友，得知女孩家境优越，王东生怕自己会被认为是“孔雀男”。以前每月发工资时，他都会给家里寄一部分，可是现在他很少往家里寄钱，尽管女朋友一再劝他别乱花钱，可他还是隔三岔五给女朋友买花、送礼物、请吃饭。

交往了一年多以后，女孩带王东去见自己的父母，两个老人对王东的印象不错，询问他的家庭状况时，为了不让二老嫌弃自己的家庭状况，一向诚实的王东说了谎话。两个老人和女儿一样，都觉得王东为人稳重踏实，有上进心。

后来，两人到了谈婚论嫁的阶段，女朋友想去见见王东的父母，可王东一再找借口推托。女朋友很善解人意，多次暗示王东，说自己和家人都不在意家境问题，可王东始终不愿意坦诚相待。女孩对王东的家庭状况一无所知，怎么敢贸然嫁给他呢？最终，因为王东不愿带女朋友回家见父母，两个人就这样分手了。

讲究“门当户对”有一定的现实道理，两个人在家境、社会地位、成长环境、教育背景等各方面相当，有相近的生活习惯，对事情的看法一致，有很多的共同语言，对婚姻来说，确实有一定的好处。但是，人和人之间千差万别，门当户对并非铁律，门第相当并不是婚姻幸福长久的保证。

两个人恋爱结婚，最重要的是坦诚。家境不好不妨直说，隐瞒没有任何好处。如果对方介意的话，就算瞒得了一时，也瞒不了一世，早晚有一天会露馅儿，到那时该如何收场呢？

看到富二代或官二代炫富、拼爹，有些家境不好的人不免自惭形秽，感慨"学好数理化，不如有个好爸爸"。如果出身好算是一种优势的话，那出身不好也不见得是劣势，正所谓"穷且益坚，不坠青云之志"，一个人如果处境艰难，内心的斗志反而更容易被激发出来。正如孟子所说的那样："天将降大任于斯人也，必先苦其心志，劳其筋骨，饿其体肤，空乏其身，行拂乱其所为，所以动心忍性，增益其所不能。"

格鲁夫·克利夫兰曾两度出任美国总统，当选总统之前，他是个苦哈哈的店员，一年的薪水只有 50 英镑。后来，他总结自己的成功时这样说道："那种极度贫困所激发出来的雄心，比任何时候都更加坚实有力。"

小张家庭条件一般，不过他学习刻苦，考上了一所知名的法学院。毕业以后，他四处求职，没少受挫。一次，他去某律师事务所应聘，简历和笔试都通过了，可在面试时，面试官上来就问了一句："你家里是干吗的？如果我们需要相关资源，你能提供吗？"小张愣了，想不到，连一个不起眼儿的小职位都要跟人家"拼爹"。

后来，一个同校的同学得到了这份工作，因为对方的父亲是某县政府的领导。不过，小张并未放弃，他开始报考公务员，终于有一天，他收到了一家法院的录用通知。最初，他只是一名书记员，虽然没钱、没背景，但他踏实肯干，如今已经是审判长了。

通过努力奋斗，贫穷的状况是完全可以改变的，在奋斗的过程中，人的意志能够得到更多历练，这无疑是人生中一笔宝贵的财富。

一个人的出身好坏与他能否有所成就并没有必然联系，正因如此，中国自古以来就有〝英雄不问出处〞的说法。然而，还是有很多人认为，出身好坏有着天壤之别。一些人出身不好，通过努力奋斗取得了一定的成就，可即便如此，出身问题仍是他的心头刺。

明朝的开国皇帝朱元璋出生在一个非常贫困的家庭，父母在他很小的时候就在一次瘟疫中双双去世。后来，他做过放牛娃，做过和尚，也曾在天下大乱时落草为寇。

当了皇帝以后，他特别忌讳别人提起“孤儿”“和尚”等字眼儿，为此，他整日疑神疑鬼，对臣子说的每句话、每个字都反复琢磨，推敲别人是不是有讥讽自己的意思。谁要是犯了他的忌讳，就会招致杀身之祸。他的这种疑心病，把满朝上下都搞得人心惶惶。

出身不好没什么大不了的，要是像朱元璋那样，总担心别人看不起自己的出身，那纵使当了皇帝，也过不上舒心的日子。

◎ “学渣”也有机会逆袭

因为学历低，有些人在求职时屡次被拒，或是在工作中受到歧视，于是觉得低人一等，在人前抬不起头来。不可否认，一个人书读得多的确是一种优势，但这并不表示读书少的人就不会有所成就。画坛巨擘齐白石没有上过一天学，鲁迅先生也只有中专学历，巴金是成都外国语学校肄业生，但这并不妨碍他们成为一代大师。

周杰伦在北大演讲时说过这样一段话：“人都要有梦想，其实我和大家一样都很平凡，就是学了点儿音乐，最后能够站上这个舞台演讲也不容易，因为我没有考上大学。方文山也才读过小学而已，不过他写的东西却可以放在教材里面。我觉得厉害的人、不平凡的人，书不一定要读得多好，但是一定要有一技之长。”

周杰伦读书时成绩并不好，因为叛逆、贪玩影响了学业，他最终无缘大学生活。为了生计，他只能去餐馆打工。

1997 年，周杰伦参加了《超猛新人王》，意外获得吴宗宪的青睐。一番深谈后，吴宗宪邀请周杰伦加入自己的唱片公司，担任音乐制作助理。这个工作要做许多杂务，薪水也不高，但周杰伦却干得很起劲儿。周杰伦的勤劳和自小打下的音乐基础令吴宗宪刮目相看，他决定给周杰伦一个机会。

1999 年 12 月的一天，吴宗宪对周杰伦说：“我给你十天时间，要是你写得出50首歌，我就从里面选出10首来，帮你出唱片。”周杰伦听了非常高兴，为了争取到这个难得的机会，那段时间，他困了就找个角落打个盹儿，醒了再继续创作。十天后，他真的把50首歌的曲谱放在了吴宗宪面前。周杰伦不仅曲子谱得好，而且每张曲谱都干干净净、整整齐齐，吴宗宪十分满意。

经过多半年的筹备，周杰伦的第一张专辑问世了。这张专辑轰动了华语乐坛，在唱片大卖的同时，还连获两届台湾流行金曲奖、最佳流行专辑、最佳制作人、最佳作曲人等大奖。

亚洲流行乐坛长年停滞不前的局面被周杰伦打破，他以多变的歌曲风格，融合中西式曲风，开创了华语流行音乐“中国风”的先河。他先后四次获得世界音乐大奖，并渐渐确立了亚洲乐坛领军人物的地位。2002～2006年，他在IFPI中获得五连霸的佳绩，连续五年获得最高销量国语唱片，且连续七年获得IFPI的十大销量国语唱片。此外，他还连续八年成为台湾唱片销量冠军，据IFPI统计，2000～2009年，周杰伦的唱片在亚洲的总销量超过3000万张。

天生我材必有用，每个人都有自己的长处。不想做退却的懦夫，就应该像蜗牛一样，一步一步往上爬。

小关是一家公司的会计助理，起初，领导和同事都轻视她，因为她的学历比较低，只是大专毕业。有一次，上级找她谈话，对她说：“在我们单位，本科学历的一抓一大把，你是大专毕业，起点比别人低，以后在工作上可一定要格外努力啊！”

小关把这番话牢牢地记在了心上。不管是录入数据，还是贴凭证，她都一丝不苟，从不敷衍了事，上级每次交给她的业务，她都能出色地完成。慢慢地，她成了上级的得力助手，也成了整个部门不可或缺的一员。业余时间，她读了许多书，也积累了不少财经方面的信息。久而久之，她的专业知识和视野就在其他同事之上了。

后来，她找上级请教，询问未来的发展方向。小关的上进心赢得了上级的认可。得到指导后，小关进行了自我分析，她觉得自己的优点是做事细心，但缺点是不善于与各部门沟通，由此看来，她应该发挥自己的优势，把数据和账目方面的业务做熟、做精。对未来发展有了规划以后，她报了 CPA 课程……短短两年，小关从所有新同事中脱颖而出。

活到老，学到老。同事的学历比你高不要紧，只要你勤快点，多学习，丰富自己的专业知识，以后的路一定会越走越宽。

◎ 你丑得没脸见人吗？

虽然人们常说“人不可貌相，海水不可斗量”，但在实际生活中，以貌取人的现象还是普遍存在的。就拿恋爱和工作来说吧，外表出众的人常常更受青睐，机会也更多，而长相不佳的人不仅没那么幸运，搞不好还会被人冷嘲热讽，有些人便因此而看不起自己，甚至觉得没脸见人。

小林几年前喜欢一个女孩，当他鼓足勇气表白时，对方却一口回绝了。有一次，他听到女孩用鄙夷的语气跟别人说：“也不看看自己长得那样，真是癞蛤蟆想吃天鹅肉……”听到众人的哄笑，他真想找个地缝钻进去。从那以后，“癞蛤蟆想吃天鹅肉”这句话成了他心头的一根刺，就算遇到心仪的女孩，他也不敢表白了，生怕再被嘲笑。父母和朋友劝他不要因为一次被拒绝而心灰意懒，可他就是迈不过心里那道坎。如今，29 岁的他仍然没有谈恋爱。

其实人都差不多，能有多丑？哪至于没脸见人呢？不能因为别人轻视就看不起自己。每个人都不是完美的，不必因为外表的欠缺而耿耿于怀，况且，外表美并不是美的全部，与外表相比，内涵更重要。

就拿马云来说吧，他的外表总被人拿来说事儿，不是说他长得像外星人，就是说他长得像猴子，可马云不仅从不在意，还自嘲说：“大家都说我长得丑，其实我只是长得比较独特罢了。”还说：“在绝大多数情况下，一个男人的长相和智慧是成反比的。”

如果说，马云是经商的，长相好不好关系不大的话，那么我们就说说黄渤吧。众所周知，演员这个行业对外表的要求是很高的，在成名前，黄渤就曾因长相欠佳而被一位副导演当面羞辱，可他并没有因此而放弃演戏。2014 年，黄渤以三部影片包揽整个国庆档，成功晋升为国内首位 50 亿影帝。面对别人对他长相的调侃，他说：“我长了一张抗抑郁的脸。”“我一开始长得还蛮婉约的，后来就变抽象了。”

身为主持人，崔永元自我调侃道：“大学生们之所以喜欢我，是因为我‘异常亲切’的长相。他们可能觉得，我的长相像身边的同学，而身材呢，正面像食堂的大师傅，背面像她热恋中的男友。”

毕福剑也曾自我调侃：“我和林忆莲长的都是‘凤眼’，只不过，她是凤凰的凤，我是门缝儿的缝。”

如果觉得自己不够漂亮，可以从衣着打扮上适当修饰，不过凡事都要有限度，如果因此而耗费过多财力和精力，超过了自己能承受的范围，那就不应该了。有的人为了让自己变漂亮，就选择微整形，甚至是整容手术，不得不说，在做出这种选择之前一定要慎之又慎。且不说近些年来整容失败的案例屡见不鲜，如若整容失败，不仅身体健康受到严重损害，更重要的是，心灵上的创伤恐怕一辈子也无法治愈。即便手术成功了，生活也未必从此阳光普照。与其用健康去冒险，不如坚持本色，多从内在上弥补外表的不足。

索菲亚·罗兰刚出道的时候，许多导演和摄影师认为，她的鼻子过长、臀部过大，会影响日后的星途，于是纷纷劝她去整形，但索菲亚·罗兰始终坚持自我，从未动摇。

她曾对一位导演说：“我当然知道，与那些著名的女演员相比，我的鼻子确实长了些，臀部确实大了些，但我觉得，这并不是我成功的障碍。如果我的鼻子上有一个肿块，我会毫不犹豫地去手术，但无论是鼻子也好、臀部也好，都是我身体原来的一部分，我不想因为别人的看法而改变自己，我会坚持本色。”

面对别人的质疑，索菲亚·罗兰首先能正视自己的容貌，进而凭实力打动了导演，打动了全世界的影迷，成为与玛丽莲·梦露齐名的性感明星。

一个人的容貌是天生的，没得选择，但人生的道路可以由自己掌控。要学会接纳自己，爱惜自己。如果外表欠佳，何不试着发掘其他方面的优势呢？常言道："乍见之欢，不如久处不厌。"就算外表不出众，如果有一个好心态，自信、自尊、自爱，别人早晚会被你打动的。

◎ 不要轻易降低自己的定位

在一次讨论会上，美国著名作家马克·吐温举起一张面值为 20 美元的钞票，对参加会议的 200 人说："我这里有 20 美元，想送给在座的某位朋友，请问谁想要？"

很多人举起了手。

马克·吐温把手里的钞票揉作一团，继续问道："现在还有人想要它吗？"

还是有人举手。

接下来，马克·吐温把钞票扔在地上，用脚使劲地在上面碾来碾去，钞票变得脏兮兮、皱巴巴的，他问："那么现在呢？还有人想要它吗？"

依然有几个人举起了手。

马克·吐温笑着说："很好。我想说的是，这张钞票好比是我们自己，在这一生中，我们一定会遇到各种挫折，甚至是蹂躏，那个时候，我们可能觉得自己好像一文不值了。可事实证明，一张钞票皱了、脏了、破了，它的价值一点儿也没有降低。你们还是认可它，想要得到它。生命的价值是我们自己决定的。无论我们穿得是否体面，外表是否光鲜，在上帝的眼中都没有差别。请各位相信自己，因为任何人都是独一无二的。"

常言道，天生我材必有用。每个人都有自己的长处，所以，不要因为暂时的失意就降低自己的定位，低估自己的价值。

小孙是国内一所重点大学的工商管理学硕士。2015年，他来到北京，想要谋求一份适合自己的工作。他原以为凭借自己的学历，完全可以找到一份收入高、发展前景好的工作，可是，到了北京的人才招聘会上，他才发现与他有同等学历的人非常多，学历比他高的也大有人在。投递了几十份简历后，他依然没有收到任何一家企业的回复。

一开始，他在投递简历的时候选择的都是收入较高的企业，后来，他慢慢发现，别说收入高的工作，就连收入低的工作也很难找到。于是，他把自己的要求一降再降，找到一份能维持生活的工作就可以了，也就是每个月工资3000元就可以，这个标准与专科毕业生是一样的。但即便是这样，他还是没有如愿。

有一天，一家外资企业在海淀区举办招聘会，希望招聘一名中层管理人员，小孙来到招聘会上投递了个人简历。参加招聘会的人很多，那家企业从中挑选出了20名应聘者，并通知他们准备面试，小孙是其中的一个。面试之前，20名应聘者每人得到了一份调查表，上面要求填写个人预期收入。

小孙心想：我应该填多少才合适呢？月薪3000元？我毕竟刚踏入社会，眼前的收入少一些不要紧，只要能够给我施展的空间，以后肯定会越来越好的，况且有那么多竞争者，如果我填得太高，招聘人员说不定会嘲笑我不自量力。可是，他又转念一想：不，前些日子，我已经把收入标准降到最低了，却没有被任何企业聘用。既然如此，我何不按照自己原来的标准填写呢？不要太低估自己才是。就这样，小孙在调查表上填写的是月薪1.2万元。

轮到小孙面试的时候，招聘主管问了一些问题，最后指了指刚才填写的调查表，问道："能不能告诉我，你为什么会把自己的预期收入定为1.2万元呢？据我所知，其他应聘者填写的收入没有超过8000元的。"

小孙回答："我相信自己的能力，而且我认为，如果我能够进入贵公司任职，必定会创造出更高的价值。"

招聘主管点了点头，告诉小孙回去等候通知。

小孙回去以后有些懊悔，心想：看样子是没戏了。可让他意想不到的是，那家企业第二天就打来电话，通知他已经被公司录用了。

事后，小孙从招聘主管那里得知，自己是所有应聘者中预期收入最高的一个，正是因为他的这种自信，公司才看中了他。招聘主管说："很多应聘者都希望讨好用人单位，因此在填写预期收入的时候都非常保守。事实上，职位与收入是互相匹配的，每一位员工都应该享有这样的正当权益。一个人对于收入的预期，不但体现了自我定位，而且还能体现出一个人的自信心。不可否认，有些应聘者好高骛远，对收入期望过高，与自身能力完全不符，但也有些应聘者的要求是对自身能力的正确评估。要知道，对拥有自信心的人才，任何企业都会予以尊重。”

客观地评价自己，给自己一个合理的定位，不要毫无根据地自以为是，也不要妄自菲薄。有些东西原本就是不能进行比较的，越比较，就越让你感到自卑。保持良好的心态，找回自信。你都不尊重自己、不相信自己，又如何能要求别人尊重你、相信你呢？

14 >> 要有直面问题的勇气

◎ 被人批评很正常

在生活中，谁都免不了受批评。受到批评时，应该正确地看待批评你的人和错误本身。能够接受逆耳忠言的人才是成熟的人，才是能不断改进自己的人。

被批评，特别是当众批评，是很伤自尊心的，但如果自己确实犯了错，那就应当坦然接受批评。如果受不了批评，勃然大怒，怀恨在心，甚至伺机报复，对自己不会有任何好处，而且损伤的自尊心也不会挽回一丝一毫。

罗某是一家铸造厂的工人，由于一次工作失误，罗某给厂里造成了严重的损失。罗某的上级领导当着全车间职工的面批评了罗某，并对他进行了罚款处理。

罗某被当众批评，觉得很没面子。他没有检讨自己的过错，反而想方设法报复批评他的上级。几天后，罗某带几个社会青年殴打了上级领导。事发后，厂里立刻报警，罗某和打人的几个社会青年很快被警察抓获。最终，罗某被警方行政拘留，还判处了罚金，厂里也把他开除了。

如果错了，就应该坦率承认。敢于承认错误的人，更能获得他人的尊重。罗某之所以会被领导批评，是因为他工作失误，况且领导并没有说任何伤他自尊心的话，如果他能承认错误，道个歉，怎么会闹到这个地步呢？

如果你意识到自己犯了错误，而且有可能要面临批评时，不如抢先一步，主动承认错误，在这种情况下，对方见你态度诚恳，多半会选择宽容处理。

卡耐基讲过这样一个故事：他经常带着自己的小狗去公园散步，小狗名叫雷斯，虽然是只斗牛犬，但性情温驯，从不伤人。由于公园里的人很少，卡耐基就没给雷斯系上狗链，也没让它戴口罩。

有一次，他和雷斯在公园里撞见了警察。

警察为了显示自己的威严，就板着脸训斥卡耐基，说："为什么不给你的狗戴上口罩，或者系上狗链呢？它这样到处乱跑，会咬到人的，知不知道这是违法的？"

卡耐基友善地回答："哦，我知道，但我的狗是不会咬人的。"

警察生气地说："你敢保证吗？万一它咬死松鼠，或者吓到小孩子，怎么办？这次就算了，如果下次再让我逮到，别怪我不客气啦！"

卡耐基客气地答应了。

再去公园之前，卡耐基试着给雷斯戴上口罩，可雷斯很不配合，卡耐基没有办法，便抱着侥幸心理，继续去公园散步。不巧，他和雷斯在一天下午时，被警察撞了个正着。

这一次，卡耐基决定争取主动，他没等警察开口，就上前说道："对不起，警察先生，我错了，上个礼拜，有位警察先生已经警告过我了，再也不能把没戴口罩的小狗带出来。我想给它戴口罩的，可它就是不配合，我也是没办法，就心存侥幸……唉，真是对不起，全是我的错，请你惩罚我吧！"

想不到，警察居然说："别那么紧张，我能理解，如果公园里没人，带小狗出来散散步，也没什么嘛！"

卡耐基说："可这毕竟是不对的。"

警察和善地说："我看你的狗那么小，应该没那么容易伤到人，对吧？"

"可……它如果淘气，可能会咬到松鼠。"

"不会吧？你是自己吓自己了，这样，你把狗带到山那边去玩儿，只要离开我的视线范围就行了。"

这件事让卡耐基很感慨，人人都有显示自己权威和重要性的需求，警察也是人，当然会有同样的需求，如果站在他的角度上考虑，当他批评自己的时候，何不满足他的这种需求呢？人的需求被满足以后，态度就会变得宽容和友善，所以自己也能得到更多的宽恕。

如果我们免不了要受批评，何不抢先一步，自己先承认错误呢？自己批评自己，总比听别人批评自己好得多，对不对？

面对莫名其妙的指责，或者被人误会时，也要保持冷静。能够解释的，就心平气和地解释，不能解释的，也无须介怀。正所谓清者自清，只要自己无愧于心就好了。

一辆疾驰而拥挤的巴士突然急刹车，一位男士不慎撞在了一位女士的身上。该女士认为这位男士在揩她的油，鄙视道："什么德行！"骂声引来众多好奇的目光，该男士立即用幽默手段化解了尴尬，他是这样说的："对不起，小姐，这不是什么德行，是惯性！"全车乘客包括这位女士都忍俊不禁，于是人人释然。

面对批评，要坦然接受。人的思想境界不同，修养也有天壤之别，有的人温和，有的人含蓄，有的人一针见血，有的人破口大骂。无论对方态度如何，我们都应当拿出平常心，千万不要因此而记恨或伺机报复。要知道，无论对方批评得多严厉、多刻薄，起因都是我们自身出了问题，人家才会指出来。

珍视自己的名誉没有错，不过，犯了错误应该接受批评，敢于担当。责任是一种与生俱来的使命，它伴随着每一个生命的始终，是生命价值的体现。一个人只有承担了一定的责任，才有可能被赋予更大的责任。就像一位哲人说的那样："当我们竭尽全力、尽职尽责时，不管结果如何，我们都赢了。因为这个过程带给我们满足，使我们成为赢家。"

受到批评时，别把面子放在第一位，就像西方谚语说的那样："恭维是盖着鲜花的深渊，批评是防止你跌倒的拐杖。"听惯了谀辞的人往往容易狂妄自大，只有虚心接受批评，才能改正缺点，提升自己。

◎ 推翻自己以前说的话不丢脸

人们常说："说出去的话，泼出去的水。"话一旦说出口，就不能再收回，一定要算数。如果说话做事自相矛盾，就会被指为出尔反尔，不讲诚信。诚信是做人的根本，失去诚信，是很难在世上立足的。照这么说，把说错的话收回，就是不讲诚信吗？不。人非圣贤，谁都不可能不犯错误，发现错误，理应及时更正，这恰恰是诚信的最高境界，反之，回避或坚持错误，是最不讲诚信的做法。

有些人意识到自己过去说的话是错的，想改正，却又怕别人议论，讽刺自己做出"打脸"的事，所以，有的人宁愿坚持错误，也不愿意推翻以前说过的话，这是很不明智的做法。

说起"打脸"的事儿，在商界常见得很。

过去，乔布斯认为手机只适合单手操作，iPhone 4 的 3.5 英寸屏幕是最适合人类的屏幕。他曾说："永远没有人会去买大屏手机。"然而，后期出现的 iPhone 6plus，屏幕达到了 5.5 英寸。

雷军也曾说："小米不做中低端机。"可仅仅一年之后，小米的低价子品牌"红米"就量产发售。不久，雷军又宣布，红米手机移动版全面直降 100 元，售价仅为 699 元。

马云的儿子在 10 多岁时曾沉迷于网络游戏，经常和同学泡在网吧不回家，因此，马云对网络游戏深恶痛绝，他曾坚定地认为，游戏不能改变中国，自己一分钱也不会投在游戏产业上，还公开表示"宁愿饿死也不会做游戏"。然而，几年之后，马云完全具备进军游戏领域的条件，他改了主意，开始进军手游领域。

当时，不少人说，马云不是不做游戏吗？怎么变卦了？不过，一些手游开发者认为，他们最关心的是收入，至于马云有没有食言，跟他们没关系。

没错，在商业竞争中，识时务者为俊杰，赚钱才是硬道理。如果这些企业都执着于过去的观点，不肯改变，那后果很可能是被无情的市场吞噬。市场为王，企业的策略应随着市场的变化不断调整，不能以个人好恶做出决断，企业家们一定都深知这个道理，所以他们做出的决定，必定是为了企业能更好地发展。

在科学研究领域，推翻以前的观点和结论就更是寻常事了。无论一种观点的提出者是谁，只要被证实是错误的，科学家们就不会违背实事求是的科学精神。就像钱学森说的那样："正确的结果是从大量错误中得出来的，没有大量错误做台阶，也就登不上最后正确结果的高座。"

斯蒂芬·威廉·霍金是现代黑洞理论的创造者之一，而在2014年，这位英国著名科学家却当众认输，推翻他1975年赖以成名的黑洞理论，承认黑洞并非可怕的物质"终结者"，此举震惊了学术界乃至整个世界。

在一篇名为《黑洞的信息保存与气象预报》的论文中，霍金指出，由于找不到黑洞的边界，因此黑洞是不存在的。如果霍金的理论正确，黑洞核心的奇点根本就不存在，甚至不排除"一切事物原则上能逃离黑洞"这种极端局面的可能性。

霍金说："在经典理论中，黑洞不会放过任何东西，但量子理论允许能量和信息逃离黑洞。”因为现代量子物理学认定这种物质信息是永远不会完全消失的，这种说法与量子力学的相关理论是相互矛盾的。

三十多年来，霍金试图以各种推测来解释这一自相矛盾的观点。霍金曾表示，黑洞中的量子运动是一种特殊情况，由于黑洞中的引力非常强，量子力学在此时已经不再适用了。但是霍金的这种说法并没有让科学界众多持怀疑态度的学者信服。现在看来，霍金终于给了这个当年自相矛盾的观点一个更具有说服力的答案。霍金称，黑洞从来都不会完全关闭自身，它们在一段漫长的时间里逐步向外界辐射出越来越多的热量，随后黑洞将最终开放自己并释放出其中包含的物质信息。

霍金认为，受到黑洞引力的影响，能量和物质先是靠近，但不会到达黑洞中心，最终还会被释放出去。不过，这些信息在黑洞中虽然不会被毁灭，但是会被完全打乱，即使逃离出来也会面目全非，几乎无法还原。

否定了自己提出的“黑洞”理论后，霍金继而提出了新的“灰洞”理论。

“灰洞”理论认为，物质和能量在被黑洞困住一段时间以后，又会被重新释放到宇宙中。他在论文中承认，最初，自己有关视界的认识是有缺陷的，光线其实是可以穿越视界的。当光线逃离黑洞核心时，它的运动就像人在跑步机上奔跑一样，慢慢地通过向外辐射而收缩。霍金同时指出，对于这种逃离过程的解释，需要一个能够将重力和其他基本力成功融合的理论。在过去近一百年间，物理学界没有人曾试图解释这一过程。

身为享有盛名的天体物理学家，霍金公开承认自己过去的观点是错误的，虽然是“打了自己的脸”，可这丝毫没影响人们对他的尊重。

不管从事什么行业，不管身份如何，如果发现自己过去说的话是错误的，就应当及时纠正，不必拘泥于面子。

◎ 护短真的有效吗？

很多人都有护短的毛病，所谓的“护短”，就是要保护自己的短处，或者保护“自家人”的短处，不准别人批评指责。“护犊子”也是护短的一种，做父母的爱护孩子是理所应当的，但如果不分是非黑白，一味袒护孩子，那就不应该了。

幼儿园组织秋游，5岁的欢欢口渴了，很想喝水，但忘记带钱，于是就趁大家没注意，悄悄拿了其他同学的矿泉水喝了。后来，这事被一个小朋友揭发，欢欢当即承认了错误。老师对欢欢进行了批评教育，事情很快平息。欢欢回家以后，把这件事告诉了妈妈。妈妈听说孩子被老师当众批评，觉得很丢脸，她想，别的孩子回家以后，一定会和父母说起这件“丑事”，家长们很多都互相认识，我的孩子偷了东西，人家肯定会笑我教子无方啊，那我以后还怎么见人？不行，这事不能认，我得找老师去，让她给孩子平反。

想到这些，她当即把欢欢骂了一顿，还告诫欢欢说：“听着，我明天去幼儿园找你们老师，你没有偷其他小朋友的水，是他们冤枉你的，记住了吗？”欢欢看妈妈怒气冲冲的样子，吓得连连点头。

第二天，欢欢的妈妈果然去幼儿园找老师，说班上的同学冤枉了欢欢，欢欢从来都不偷东西，大家错怪了她，要求老师给欢欢“平反”。老师再找欢欢谈话时，欢欢对所犯错误矢口否认，老师觉得很尴尬，无奈之下，只好把揭发欢欢的小朋友找来，再次调查，那个小朋友没有改口，坚持说自己看见欢欢拿了别人的矿泉水。被拿了矿泉水的小朋友也说，欢欢拿矿泉水的时候没告诉自己，是偷偷拿的。

欢欢妈妈忍不住冲两个孩子吼道：“不可能！欢欢都说了，根本没这回事！你们这是故意诬赖！”

两个孩子受了委屈，回家告诉了父母，三个孩子的家长当面对质。在老师的循循善诱下，欢欢承认自己撒了谎，欢欢妈见此情景，羞得满脸通红，连声向老师和其他两个家长道歉。

欢欢的妈妈要求老师给孩子平反，并不是因为欢欢真的被冤枉了，而是怕别人说自己教子无方，说到底，无非是为了自己那点儿面子。本来欢欢已经认识到错误了，被家长这么一闹，孩子以后犯了错，恐怕就会抵赖，那不是害了孩子吗？孩子有优点，也有缺点，这是客观存在的，短是护不住的，越护短就会越有短，只有正视，才利于帮助孩子改正。

“保全自家人的面子”的现象很常见。正所谓“一荣俱荣，一损俱损”，一个人如果丢了脸，那么与当事人沾亲带故的人往往会担心自己的身份和地位会受到影响。在吴趼人所著的《二十年目睹之怪现状》第二十三回中，记述了这样一件事：

“上海招商局有一个总办，是广东人。他有一个兄弟，很不长进，吃酒、赌钱、吃鸦片烟、嫖妓，无所不为。屡屡去和他哥哥要钱，又不是要的少，一要就是几百元。要了过来，就不见了他了，在外面糊里糊涂地花完了，却又来了。如此也不知几十次了，他哥哥恨得没法。一天他又来要钱，他哥哥恨极了，给了他一吊铜钱。他却并不嫌少，拿了就走。他拿了去，买上一个炉子，几斤炭，再买几斤山芋，天天早起，跑到金利源栈房门口摆个摊子，卖起煨山芋来。”我道：“想是他改邪归正了？”继之道：“什么改邪归正！那金利源是招商局的栈房，栈房的人，哪个不认得他是总办的兄弟；见他蓬头垢面那副形状，哪个不是指前指后的；传扬出去，连那推车扛抬的小工都知道了，来来往往，必定对他看看。他哥哥知道了，气得暴跳如雷，叫了他去骂。他反说道：‘我从前嫖赌，你说我不好也罢了；我此刻安分守己做小生意，又怪我不好，叫我怎样才好呢？’气得他哥哥回答不上来。好容易请了同乡出来调停，许了他多少银，要他立了永不再到上海的字据，才把他打发回广东去。你道奇怪不奇怪呢？”

两个人的关系亲密，其中一个人犯了错，丢了人，另一个人如果不想受他的牵连，办法只有两个，要么与他划清界限，要么想办法替他遮掩。一般说来，划清界限是比较困难的，那么想办法替他遮掩似乎就是唯一的选择了，这是护短的动机之一。出于这种目的选择护短，是很糊涂的。

自己人和外人的说法，对中国人来说已经司空见惯了。有的人在十分失望的情况下，会伤心地喊出这样一句话："从今往后，我再也不把你当姑姑看了！"既然可以不把姑姑当姑姑，那我们是不是也可以不把自己当自己呢?

每个人都是独立的个体，要为自身的行为负责，你和一个人的关系亲密，不表示他的成败荣辱都与你有关。平时相处，担待自家人的缺点和毛病无可厚非，但涉及原则性问题时，再讲人情，一味地袒护自家人，就是不理性的做法了。

◎ 认错不丢人

人生在世，想要什么错都不犯，几乎是不可能的。犯错不可怕，怕的是没有勇气面对。犯错之后能主动承认错误，并引以为戒，积极改正，就是难能可贵的。

据中新网报道，2011 年 5 月，高晓松和两位朋友在昆仑饭店喝酒。酒后的高晓松开车回家，结果在东直门外大街十字路口造成了连环追尾事故。一周后，高晓松因酒驾被判拘役六个月，并处罚金 4000 元。

高晓松在车祸发生后当即表示歉意，并称愿意赔偿全部损失，之后还写下保证书，就酒驾一事向公众道歉：对不起！永不酒驾！

在审理时，高晓松主动放弃辩护，他说自己没有需要辩护的，有的只是忏悔，他表示，自己愿意承担车祸的全部责任，并最大限度地赔偿受害人和造成的损失。在此次事件中，高晓松的态度是真挚而诚恳的，他也进行了深刻的反思。

11 月 8 日，高晓松刑满出狱，参加了禁止酒驾公益宣传片的拍摄，在该片中，高晓松以个人经历为鉴，呼吁公众珍爱生命，远离酒驾。

高晓松在庭审中的表现很好地挽救了他的公共形象，他的忏悔不是为了开脱责任，而是明确表示"愿意以最大的程度赔偿这次事故造成的损失"。更重要的是，高晓松放弃无罪辩护，明确表示"我没有任何想为自己辩护的""我完全认罪"，他诚恳的态度赢得了大多数公众的宽容和尊重。

有人在网上发了个帖子提问，问题是："无意间说错话，得罪了同事，现在两个人见了面连话都不说了，很后悔，可又拉不下脸来道歉，怎么办？"回帖的人很多，大部分人的意见是，既然错了，就大大方方认个错呗，有什么大不了的？

确实如此，一个人肯承认错误，至少说明他敢作敢当，比起逃避和推脱来，认错不但不丢人，反而更值得尊重。廉颇负荆请罪的故事，不就是一桩美谈吗？

战国时期，廉颇是赵国的一员名将，而蔺相如起初只是一位上卿。渑池会结束以后，由于蔺相如功劳大，被封为上卿，位在廉颇之上。

廉颇说："我是赵国将军，有攻城野战的大功，蔺相如只不过靠能说会道立了点儿功，可是他的地位却在我之上，况且他本来是个平民，我感到羞耻，在他下面我难以忍受。"并且扬言说："我遇见他，一定要羞辱他。"相如听到后，不肯和他相会。相如每到上朝时，常常推说有病，不愿和廉颇去争位次的先后。没过多久，相如外出，在邯郸城回车巷远远看到廉颇，相如就掉转车子回避。

于是蔺相如的门客就一起来直言进谏地说："我们之所以离开亲人来侍奉您，就是仰慕您高尚的节义呀。如今您与廉颇官位相同，廉老先生口出恶言，而您却害怕躲避他，您怕得也太过分了，平庸的人尚且感到羞耻，何况是身为将相的人呢！我们这些人没出息，请让我们告辞吧！"

蔺相如坚决地挽留他们，说："诸位认为廉将军和秦王相比谁厉害？"

回答说："廉将军比不了秦王。"

相如说："以秦王的威势，我却敢在朝廷上呵斥他，羞辱他的群臣，我蔺相如虽然无能，难道会怕廉将军吗？但是我想到，强大的秦国之所以不敢攻打赵国邯郸城，就是因为有我和廉将军在呀，如今两虎相斗，势必不能共存。我之所以这样忍让，就是为了要把国家的急难摆在前面，而把个人的私怨放在后面。"

蔺相如的话传到了廉颇的耳朵里。廉颇静下心来想了想，觉得自己为了争一口气，就不顾国家的利益，真不应该。于是，他脱下战袍，背上荆条，到蔺相如府门上请罪。蔺相如见廉颇来负荆请罪，连忙热情地出来迎接，两个人不但冰释前嫌，还成了莫逆之交。

不管有错没错，承认错误都不是丢人的事。犯错时认错，能使你记住教训，不再犯同样的错，没犯错时认错，有时能使你挽回一段不忍割舍的感情。

对于上面提到的那个帖子，还有一个人的回答更精辟："明知道自己错了还不认？一看就是没女朋友的人，要是有了女朋友你就知道了。别说自己错了，就是没错，她说你错了，你敢不认吗？”

这句话乍看起来像是玩笑，但仔细想想，却又觉得有几分道理。不管是爱人之间，亲人之间，还是好朋友之间闹了矛盾，很多时候都是一些鸡毛蒜皮的小事，不涉及原则问题。对于一笔糊涂账，分辨谁对谁错意义不大，关键得看你是不是在意这段关系了。偶尔跟对方认个错，道个歉，说明你在意对方，也说明你宽容大度，如果对方同样在意你的话，必定会理解你的善意，说不定还会在日后对你投桃报李。虽然认错很难为情，但仔细想想，受益最多的还是自己，对不对?

15 >> 别为了面子死磕

◎ 别上“激将法”的当

激将法是人们熟知的计谋，利用别人的自尊心和逆反心理积极的一面，激起他不服输的意志，从而达到自己预期的目的。常言道，“请将不如激将”，有些时候，对那些好胜的人，自尊心强的人，爱面子的人使用激将法，要比使用正常手段的效果好得多，因此，这种计谋被人们广泛应用。

在《三国演义》里，诸葛亮对周瑜就使用过激将法。

诸葛亮联合孙权抗击曹操，到东吴去游说，见孙权对抗曹操犹豫不决，他想了一个计策。

一天，他对周瑜说：“我听人讲，曹操建了一个铜雀台，这个台子雄伟壮丽，装饰得金碧辉煌。他听说江东的大乔和小乔两位美人堪称绝色，想把二乔置于铜雀台内，以供自己享乐。”

周瑜听了，心中不快，问他是怎么知道这件事的。诸葛亮煞有介事地说：“曹操曾命儿子曹植作了一首诗，名为‘铜雀台赋’，其中有这样两句写的是‘立双台于左右兮，有玉龙与金凤。

揽二乔于东南兮，乐朝夕之与共’。”接着，他问周瑜：“你干吗不把二乔赠予曹操呢？这样一来，他就不会再来攻打东吴了。”

周瑜大怒：“曹操匹夫，欺人太甚！”

诸葛亮佯装不知，问他：“汉天子曾许公主和亲，将军何惜民间二女？”

周瑜说：“你有所不知，大乔是孙策的夫人，小乔是我的妻子。”

诸葛亮听了连连道歉。

周瑜咬牙切齿地说：“我与曹操老贼势不两立，明天去见主公，共议起兵。”

至此，蜀、吴两国合力抗曹，引出了日后那场著名的赤壁之战。

周瑜为人自负、急躁，这种性格弱点被诸葛亮看穿了，因而使出激将法。诸葛亮是聪明的，曹植《铜雀台赋》中的关于"二乔"一句，实际是另有所指，却被他巧妙地用语言激怒周瑜，促成孙、刘联合。后来，在荆州的借还问题上，诸葛亮再次使出同样的计谋，当时，如果周瑜能够冷静一些的话，或许就不会被活活气死了。

激将法是很多商家善用的营销手段之一，商家利用的，就是顾客虚荣好胜的心理，因此，我们在买东西的时候应当留意，别因一时爱面子，就中了商家的计。

为了在别人眼里有个好形象，结果自己吃亏受累，这就是虚荣的后果。

有个人很怕老婆，不过为了面子，他从不在外人面前承认这一点，反而说自己在家说了算，让老婆往东，她不敢往西。邻居们心知肚明，但从未戳穿。

一天，他和几个邻居在树下乘凉，就在他向人吹嘘老婆是如何如何怕自己的时候，有个卖席子的小贩从他们旁边经过，听了那人的话后，小贩停下来向他推销席子："先生，这么热的天，买块席子吧。"

他看了看，摇头说不买。

小贩说："先生是不是怕老婆啊？如果是就直说，我能理解。"

那人一听，红着脸，气呼呼地说："谁说我怕老婆的？多少钱，我买了！"

小贩见状，故意报了高价："先生果然爽快，刚才是我失言了。这样吧，算你 200 元，就当交个朋友了。"

那人咬着牙掏了钱，结果回去以后，因为席子质量奇差，他被老婆一顿臭骂，连话都不敢说。邻居们听得真真切切，从那以后更看不起他了。

段小姐和闺密一起逛商场，在一家专卖店里，段小姐看中了一套衣服，试过以后，向店员问了价格，得知打了折以后还要 800 多元，段小姐觉得价格有些贵，而且自己也不是十分满意衣服的上身效果，就对店员说："我去别家看看吧！"

店员说："要是觉得这件太贵，我们还有几款便宜的，要不要试试？"

段小姐一听这话，心里很不舒服："我就是觉得款式不适合，怎么，你以为我差钱吗？"

店员不以为然地瞟了段小姐一眼，没有说话。

“狗眼看人低是吧？”段小姐气呼呼地拿出900元钱，往地上一扔，“我就要刚才试的那件，给我包起来！”闺密在旁边扯了扯她的衣角，可她正在气头上，置之不理。

店员把地上的钱捡了起来，然后一边满脸堆笑地向段小姐赔不是，一边把那件衣服递给段小姐。段小姐给了她一个白眼，转身离去。气是出了，可回家以后，段小姐越看那件衣服，心里越别扭，明明不喜欢，却要花钱买回来，结果一次都没穿，一直在衣柜里放着。

段小姐明明不中意那件衣服，却因为气不过店员〝狗眼看人低〞，就掏钱买下，结果懊悔不迭。店员就是个陌生人，以后很可能再也不会见面了，何必在乎她怎么看呢？段小姐以为自己把衣服买下来能出口气，可事实上，店员不仅没有任何损失，相反还赚了段小姐的钱，而段小姐自己呢？因为一时之气，花了不少冤枉钱不说，还得郁闷上好一阵子，多划不来呀。

◎ 放弃无谓的争论，去做有价值的事

生活当中，经常能看到两个人争论，争得面红耳赤的，谁都希望自己能赢。要是有旁观者在场的话，两个人争论得更激烈了，谁也不肯服软，都要保全自己的面子。就这样，一场原本没什么大不了的分歧，会因旁观者的注视和呼喊，而演变成激烈的争吵，甚至还会动起手来。情绪激动时，争论双方谁不能从争论中得到好处，很多人有过吵架的经历，当时牙尖嘴利，事后又懊悔不已，

图什么呢？所以，我们应当少做这种后悔事，尽量避免争论，发现争论已经没有意义时，要及时停止，别在这种事情上浪费时间。

有一个叫巴地的人，每次与人起争执生气的时候，就以很快的速度跑回家去，绕着自己的房子和土地跑三圈。因为巴地工作非常勤劳努力，他的房子越来越大，地也越来越多，但不管房地有多大，只要与人争执生气，他就去绕着房子和地跑三圈。

认识他的人都很疑惑，但不管别人怎么问，巴地都没有说明原因。

多年以后，巴地老了，他的地更多了，可在生气的时候，他照例围着房子和地绕圈，只不过这时候，他只能拄着拐杖，艰难地挪动着脚步了。等他走完三圈下来，太阳基本上都落山了。

孙子恳求道：“爷爷，您这么大年纪了，没有谁的土地比您更大，您不能再像从前那样，一生气就绕着房地跑啊。您可不可以告诉我，为什么您一生气，就要绕着房子和地绕上三圈？”

巴地禁不起孙子的恳求，终于说出隐藏在心中多年的秘密：“年轻时，我一和别人起争执，就会绕着房子和地跑上三圈。那时候，我一边跑，一边想，我的房子这么小，土地这么少，最需要的就是努力工作，可我却浪费时间去和别人争吵，这不是太傻了吗？每当我想到这些，心情就平静下来了。”

“可是爷爷，您现在年纪大了，又这么富有，为什么还要绕着房子和地跑呢？”

“现在呀，我一边走，就一边想，我的房子这么大，地这么多，还和别人计较个什么劲儿呢？想到这些，我的心情就好起来了呀！”

人们常说："你敬我一尺，我敬你一丈。"很多时候，面对争执或矛盾，如果能心平气和，稍微忍让一些，纷争可能很快就平息了。

安徽省桐城有一条"六尺巷"，有关它的由来，有一段故事，至今被传为佳话：

据《桐城县志》记载，清代康熙年间，文华殿大学士、礼部尚书张英的老宅与叶家为邻，两家中间隔着一块空地，由于年代久远，空地的归属权已无据可考。后来，叶家扩建宅邸，占用了这条公共通道，张家人当然不愿意，便和对方争执起来，两家各不相让，一直闹到了衙门，可衙门也对此事无可奈何。

张家人便给京城的张英去信，希望他出面解决。身居高位的张英并未在此事上计较，他给家人回了封信，信上只有四句话："千里来书只为墙，让他三尺又何妨？万里长城今犹在，不见当年秦始皇。"

看过这封信，张家人明白了张英的意思，便把围墙拆掉，往后让了三尺。张家的举动令叶家深受感动，对方也把围墙往后让了三尺。两家人的争执就这样平息了。"六尺巷"由此得名。

人的好胜心不能太强，要懂得控制自己的情绪。跟家人争，争赢了，亲情没了；跟爱人争，争赢了，感情淡了；跟朋友争，争赢了，情义没了。争的是理，输的是情，伤的是自己。时间宝贵，我们还有许多重要的事情需要去做，与其把时间浪费在毫无意义的争论上，为什么不去做更有价值的事呢？

◎ 面子不是靠争论赢来的

人和人的观点不一致是很正常的，遇到这种情况时，我们首先要提醒自己保持冷静。如果引起争论的是一些鸡毛蒜皮的小事，并不涉及原则性问题，那最好不要去争辩。即便与人争论，也要以解决问题为目的，不要为了驳倒对方而争论。

19 世纪时，美国有个年轻军官非常好胜，经常和别人争论不休，有时还闹得不可开交。

为此，林肯总统处罚了这个军官，并告诫他说："跟人争论，就像跟狗抢路一样，与其冒着被狗咬的危险而争抢，何不把路让出来呢？如果被狗咬了，就算把它杀掉，也治不好伤口。但凡成功之人，都不会偏执于己见。总和别人争执，是缺乏自制力的表现，这是一种人格上的欠缺。"

在原则问题上争论是有必要的，也是应该的。争论时，出言不逊、得理不饶人是绝对不可取的态度。不过既然是争论，绝对不刺伤对方似乎是不太可能的，因此，双方要有容人的雅量，不要因为争论而心生芥蒂。

司马光与王安石交往数十年，他自认为和王安石是益友。在他们各自的文集中，至今仍保留着许多互相赞赏的诗赋。王安石与司马光友谊的顶点是在他们共同担任官职——皇帝文学侍从的时期。起初，两人因性情相投，来往十分密切，就连租房子，王安石都要和司马光做邻居。然而，不久之后，两人因各持不同的政见，渐渐产生了分歧。

1067年，宋神宗继位。在解决国库空虚的问题上，王安石与司马光第一次发生争论。当时，王安石与司马光已先后被任命为翰林学士。王安石第一次没有推辞，接受了任命，而司马光则是在皇帝下令不许推辞的情况下接受任命的。

王安石认为，国家财政状况确实不好，但这并不是当务之急，造成这种情况的主要原因在于没有善于理财的能人。

司马光则认为，所谓善于理财的能人，用的方法不过是巧立名目，增加百姓的赋税而已。

王安石说："不然，善于理财的人，能够在不增加赋税的情况下，使国库充盈起来。"

司马光不以为然，说道："天下哪里有这个道理？天地所生的钱财万物，不在民，就在官。从老百姓那里巧取豪夺，比增加赋税的办法更恶劣。当年，桑弘羊之流巧舌如簧，蒙骗汉武帝时，用的就是这套说辞。"

由于财政状况日益困窘，宋神宗采纳了王安石的建议，进行变法，这就是"熙宁变法"。

司马光坚持自己的观点，当他发现改革可能会给国家带来巨大的灾难时，他开始用激烈的言辞弹劾王安石。作为好朋友，他三次给王安石写信，劝王安石不可"用心太过，自信太厚"，借此"以尽益友之忠"。

王安石在与宋神宗的谈话中，力排司马光的非议，但对这位好友，又"赐之诲笔，存慰温厚"。眼见无法改变局面，又与王安石因变法之事绝交，司马光坚持辞去了枢密副使的职务，离开权力中心，来到当时的文化中心洛阳专心修史。

虽然王安石与司马光的关系破裂，但两人互相保持着对对方人格的敬重。一个反对新法的官员死后，司马光为其作墓志铭，其中有讽刺变法的话。有好事者将这个墓志铭献给王安石，以为后者会迁怒于司马光。不料，王安石却将铭文挂在墙上，向其门下士赞曰："君实之文，西汉之文也。"而司马光在洛阳记述宋朝历史时，也能对王安石做客观评价。

王安石变法志在清除社会积弊，但是由于用人不当，出现了一些危害百姓的现象，更主要的是，新法在一定程度上触犯了大地主、大官僚的利益，遭到反对。几年之后，王安石被自己最亲信的助手出卖，接着，又遭遇了家庭的变故。他毅然捧还相印，归隐江宁谢家墩。

不久，司马光被重新起用。他将新法改革措施一一废除。新法遭到重大挫折的消息，加剧了王安石背上的疮毒，使他倏然而逝。

司马光得知王安石逝世的消息后，深为悲憾，他写道："介甫文章节义，过人处甚多……不幸介甫谢世，反复之徒必诋毁百端。光意以谓朝廷宜优加厚礼，以振起浮薄之风！"根据司马光的建议，王安石被追赠正一品荣衔——太傅。

司马光和王安石有争论，但出发点都是好的，那就是希望国家繁荣昌盛。遇上原则性的分歧，两人各持己见，但仅限于就事论事，并没有引发个人恩怨，这一点是很值得我们学习的。

◎ 该妥协时就妥协

在社会上生存，要学会妥协。有些时候，即使你占理，也未必能得到自己想要的公平。遇到这种情况时，有的人认死理，觉得“不蒸馒头也得争口气”，要是息事宁人的话，就跟吃了哑巴亏一样，太憋屈了，所以，为了争那口气，不管付出什么代价，也要跟人死磕到底。可是，这样做往往会得不偿失啊！

刘墉讲过这样一件事：

他有个华人朋友是做医生的，在美国开了三家医院。这个朋友生性倔强，每当被病人状告时，他如果自认有理，就绝不妥协，结果差点儿搞得倾家荡产。

有一次，一个女人咳嗽严重，没约到自己的家庭医师，临时跑去找这位医生急诊。医生拍了X光后发现，病人的肺部有阴影，最初诊断为肺炎。开了药以后，医生和病人约好隔一周之后复诊。第二次拍X光之后，病人的情况明显好转。

医生和病人再次约定复诊时间，可这一次，到了约定的时间，病人没有来。医生以为她已经康复了，就没在意。想不到，那个病人在半年后诊断出脑瘤，去世了。后来，病人家属把医生告上了法庭。医生在庭上为自己辩解，说那个女人是临时来急诊的，原来并不是自己的病人，而且两人已经约好复诊时间了，可病人自己爽约，所以病人的死并不是他的责任。

法官说：“你最好合作，签字和解走人，赔的又不是你的钱，是保险公司的钱，这是我们美国人处理事情的方法。”

法官的意思很明显，既然医生投了保险，遇到病人状告，完全可以让保险公司出面赔钱解决，没必要非得争论谁对谁错。可医生坚持自己没错，一定要把官司打到底，结果原本可以用50万解决的事，最后却花了91万。

法官对于这类案件想必是司空见惯的，连他都劝医生和解，说这是美国人的一贯做法，可想而知，和解应该是成本最低的解决办法。可是，倔强的医生听不进去，坚持要把官司打到底，结果不但没获胜，反倒比和解多花了将近一倍的钱。如果他考虑成本问题的话，就不会那么较真儿了。

在现实当中，有的事情不是只凭道理就能解决的，我们除了要衡量对错以外，还要计算成本。比如你去国外旅行，顺便买了一件纪念品，回来以后，你发现纪念品上有瑕疵，而往返的机票要比纪念品贵得多，你会为了它飞去国外换吗？如果去了，折腾一趟下来，浪费的可能不只是钱，还有精力和时间。

人要学会妥协，妥协不是无能，而是一种智慧。遇到棘手的问题时，先暂时妥协，日后选择适当的时机再处理，效果也许会好很多。

在生活当中，我们有时候会因为一些鸡毛蒜皮的小事和别人闹矛盾，如果两个人各不相让，那最初的小争执，很可能会愈演愈烈，弄得鸡犬不宁、无休无止，令你感到筋疲力尽、狼狈不堪。遇到这种情况，要是懂得妥协的话，就会免去很多不愉快。

小于和妻子媛媛都是电视迷，可迷的内容不同。小于喜欢看足球节目，媛媛则喜欢缠绵悱恻的电视连续剧，尤其是韩剧。一天晚上，因为看电视选台的问题，他们俩又顶上了。

媛媛说韩剧好看，催人泪下，小于说不好看，婆婆妈妈。媛媛说，你没有艺术细胞，小于说，你不知经典为何物。媛媛说，你眼高手低，小于说，你们女人就是肤浅。

说着说着，就开始远离原来的话题互相指责了起来。小于说了妻子的很多缺点和不足，媛媛则历数丈夫多年来的种种错误。于是嗓门儿越来越大，战争逐渐升级，升到不能再升的时候，媛媛穿上外衣，甩门而去。

这样的“战争”不知发生了多少次。白天，两人各上各的班，下班以后，两人各吃各的饭，晚上，两人分房而睡。在晚饭和睡觉之前的这一段时间里，他们俩也不看电视了，而是把自己关在各自的屋里看闲书。

小于回想起过去，妻子在学校里承担着繁重的教学任务，工作压力很大，回到家里还得洗衣做饭，给他无微不至的关心和照顾。自己虽然整天把一些不着边际的甜言蜜语挂在嘴上，却连一个看电视剧的时间都不肯腾出给她，实在是有愧于妻子对他所付出的一切。

第二天，小于买了妻子最爱吃的糖炒栗子，并大献殷勤道：“今天晚上，你一边看韩剧一边吃栗子吧，以后也是，你想看啥就看啥。”

妻子受宠若惊，惊讶地问：“怎么这回肯让着我啦？”

小于笑着说：“没啥，好男不跟女斗呗！”

人与人相处，不能太计较，看人主要还是要看本质，如果对方的本质是好的，没有出格的地方，又肯调整自己、完善自己，就说明两个人是有希望的。居家过日子，夫妻俩吵闹是很平常的，两个人应当互相体谅，彼此忍让。争吵时，人的情绪往往都很冲动，不利于问题的解决。在这种情况下，不妨妥协一下，把争吵停下来，等双方都心平气和时，再想办法解决问题。

谦卑不会让你丢面子

◎ 别总端着师长的架子

据清代的李伯元在《南亭笔记》中记载，李鸿章的哥哥李瀚章爱摆架子，人称“李大架子”。按清朝的官场规矩，上级端茶要喝时，下级要马上跑到门外候着，以表示对上级的尊重。上级一般会马上说免礼，以示谦虚。

然而，李瀚章就不是这样。有一次，下级官员向他敬茶，然后到门外恭候。李瀚章一边慢条斯理地喝着，一边让下人点烟，大半天后，才傲慢地离去。

光绪时期，御史谭钟麟被下放到浙江某地担任知府，此时，李瀚章是浙江的最高长官，照规矩，刚到任的知府应当去李瀚章那里拜会。谭钟麟见了李瀚章，当即跪拜，可李瀚章大大咧咧地坐着，没有回礼。

谭钟麟怒问：“大人，您的脚有毛病吗？”

李瀚章回答：“没有。”

谭钟麟又问：“大人，您眼睛瞎了吗？”

李瀚章又回答：“没有。”

谭钟麟不客气地说："既然大人您腿脚也好，眼也不瞎，那么在下拜大人，大人有什么理由不回礼呢？"

李瀚章思来想去觉得自己有点儿过分，后来主动登门，向谭钟麟道了歉。

有些人说话办事总是摆出一副高高在上的架子，用威势去压人。起初，别人不知底细，未免会被他的架势唬住，从而毕恭毕敬，可时间久了，知道这个人无才又无德，谁还会尊重他呢？

很多人认为，在下级面前，晚辈面前，自己应当摆出长辈或领导的架子，对方慑于自己的威仪，才能顺从自己，尊重自己。如果被下级当众反驳，自己就会威信扫地。出于这种心理，有的人被下级反驳时，会不分情由地指责下级，甚至怀恨在心，在以后的工作中，给那个下级〝穿小鞋〞，这么做，就能维护自己的威严了吗？

李峰在一家民营企业工作了四年，称得上是老员工了。前些天，他升职了，同时兼管两个部门，老板很认可他的工作，把他视为心腹。

李峰原先所管的部门，有个技术人员，名叫王博，两个人关系非常好。当初，他们两个和老板一手把部门建立起来，王博一直很服从李峰的管理。李峰升职以后，把王博提到了副职的职位。

一次会议上，李峰提出了一个方案，让他意外的是，其他人都表示赞同，而反对自己的，竟然是一向交好的王博。李峰脸色很不好，冷冷问道："你反对的理由是什么？"

王博把方案当中的技术问题指了出来，他认为，以公司目前的技术水平，完全可以做出更好的方案来。

虽然李峰心里清楚，王博之所以提出异议，是为了公司的发展着想，可他无法接受的是，公司所有人都知道他们两个是多年的好朋友，李峰身为上级，却被下级当众反驳，他新官上任，刚烧第一把火，就被人来了个下马威，岂不是威风扫地?

为了维护自己的威严，李峰先是批评了王博，说他不自量力，之后，又冠冕堂皇地说，公司应当稳健向前发展，新的技术不是不能用，但要经过充分验证才行，云云。

王博的技术水平在公司里有口皆碑，有几个同事便替他说了几句话，可李峰的态度偏激，根本就听不进去。李峰强制推行了自己的方案，不久以后，又找了个借口，降了王博的职。两个人的关系破裂，公司同事对李峰的霸道作风也很不满。李峰不为公司大局着想的做法被老板得知，他把李峰叫去，严厉地斥责了他。

李峰也知道王博是为了公司的发展考虑，才反对自己的方案，如果他能以公司大局为重，接受王博的建议，会有损领导威严吗？肯定不会。工作中，下级反驳或顶撞上级的情况是不可避免的。身为上级，应当以平和的心态面对下级的反驳或批评，为了维护个人的颜面，而损害集体的利益，是无法服众的，反而会给人以心胸狭隘的印象。

如果下级反驳上级是出于善意的，大多数人还是能够接受的。如果下级不怀好意，故意反驳，甚至是顶撞上级，应该怎么处理呢？首先要静下心来，把事情的来龙去脉搞清楚，看下级反驳或顶撞你的原因是什么。不管对方是出于一时的不服气，还是对你有成见，都说明你有需要反省和改善的地方。尽管以下犯上使领导有失体面，甚至下不了台，但作为上级，不能一味地抱怨下级的无理，而是要有自责的勇气和理智，尽快从窝火的心态中解脱出来，多自查，多反思。

俗话说："驴架子大、马架子大值钱，人架子大了不值钱。"装腔作势、傲慢无礼的人是很难得到尊重的，就算有人顺从，那也多半是碍于权势地位，心里未必真服。真正有知识、有智慧的人，即使再有资历、再有权势，也会表现得谦卑。没有架子，平易近人，才能得到人们发自内心的尊重。

◎ 放低姿态，会赢得更多尊重

有一个人早晨路过报摊，他想买份报纸，却找不到零钱，于是，他从报摊上拿起一份报纸，随手扔了10元钱，漫不经心地说："找钱！"

卖报的老人心中不悦，说："我没工夫给你找钱。"说完，从他手里拿回了报纸。

此时，另一位客人也遇到类似的情况，然而他却聪明多了。只见他和颜悦色地走到报摊前对老人笑着说："您好！我手里只有这10元钱，可我想买一份报纸，您能帮个忙吗？"

老人笑了，拿过刚才的报纸塞到他手里："拿去吧，什么时候有了零钱再给我。"

放低姿态可以拉近人与人之间的距离，使人际关系变得更加融洽和谐。在第二个客人看来，找零钱是老人给自己提供的额外服务，所以他才用歉意的口吻对老人说话。尊重是互相的，他之所以能得到卖报老人的尊重，正是因为他首先做到了尊重。

想要赢得他人的尊重，首先要学会放低姿态。刘备之所以被后世传颂，就是因为他能放低姿态，三顾茅庐的故事就是很好的证明。

刘备听徐庶和司马徽说诸葛亮很有学识，又有才能，就和关羽、张飞带着礼物去请诸葛亮出山。第一次去时，诸葛亮不在家，刘备没有倚仗皇叔的身份，把诸葛亮从外面拉回来，而是默默返回。不久，刘备第二次去请诸葛亮，书童说诸葛亮外出闲游去了。张飞本不愿意来，见诸葛亮不在家，就催着要回去。刘备临走之前，给诸葛亮留了封信。很多天过去了，诸葛亮那边一点儿消息都没有。

刘备准备再去请诸葛亮，关羽认为，诸葛亮并无真才实学，也许是故意躲着不见，劝刘备不要去了。张飞更是不以为然地说，要去把诸葛亮捆来见他。刘备斥责了张飞，第三次上门拜访诸葛亮。

诸葛亮正在睡觉。刘备不敢惊动他，一直站到诸葛亮自己醒来，才坐下谈话。刘备询以治世大计，诸葛亮分析天下形势，提出占据荆、益两州，安抚西南各族，联合孙权，整顿内政，俟机从荆、益两路北伐曹操的策略，以图统一中国，恢复刘家帝业，史称“隆中对”。

自打得了诸葛亮，刘备如鱼得水，在诸葛亮的辅佐下，刘备东联北伐，占荆州，取益州，军事上节节胜利，势力不断扩大，蜀国最终与魏国、吴国成三足鼎立之势。

古人说："敬人者，人恒敬之。"刘备是皇叔，诸葛亮是一介草民，在当时那个等级森严的社会中，两者身份是有天壤之别的，但刘备不顾身份的尊贵，放低姿态，亲自到诸葛亮家里去请他。只是这一点，已经让刘备赢得了建立蜀国的资本。

李青过去是一家公司的部门主管，因为一个偶然的机会，他结识了一家酒店的老板。酒店老板看他能干，便挖他到自己的酒店做了一名部门经理。

一天，他与过去的老板在街上遇见，过去的老板邀请他一起吃饭，李青不好意思推辞，便笑着说："别别别，应该是我请你才对。"就这样，两个人叫了几样小菜，在餐馆里坐了下来。

席间，过去的老板和李青谈起了自己的创业经历，谈起了创业中的种种艰辛，说到动情处，他的两眼竟涌出了热泪。李青想不到曾经的老总会这样与自己交心，感到非常意外。

谈完了往事，过去的老板打听了李青的近况。

他饶有兴致地问："小李，新的环境还适应吗？做得顺不顺心啊？"

李青说："现在的老板对我很赏识，给我的薪水也很高，而且还承诺给我分红。如果不出意外，年底的分红就能拿到30万。"

过去的老板微笑着说："这么看来的确不错。不过我认为，以你的能力，一年最少也应该赚到70万以上。"

李青说："您太抬举我了。我们的酒店规模有限，能赚到这些我已经很知足了。”

过去的老板严肃地说：“千万别小看自己的能力。你是个难得的人才，不过目前的施展空间有限，这样下去，只会让自己的眼界越来越窄，不如回我的公司，和我一起接着干吧！”

李青心里又惊又喜，说：“你不是在开玩笑吧？我跳了槽，你竟然还肯让我回公司？”

过去的老板说：“那个时候，我以为你辞职是为了有更好的发展，但如今看来并不是那样。我是诚心诚意请你回公司的，希望你好好考虑一下。”

李青吞吞吐吐地说：“这……这怎么好意思呢？再说，公司人才济济，我回去以后还有适合的职位吗？”

过去的老板笑着说：“这个你不必担心，我会妥当安排，不会委屈你的。”

李青回到了公司继续发展，短短一年时间，他为公司创造了上千万的利润。

放低姿态并不是低三下四，低人一等。人人都渴望得到尊重，你尊重别人，把自己和对方放在一个平等的位置上，别人才可能对你推心置腹。

◎ 别吝啬赞美之词

清末著名学者俞樾有一部著作，名为《一笑》，里面有个故事是这样说的：

一位京官即将到外省赴任，临行前，他去与老师道别。

老师教导他说：“去外地不比在京城，今后行事更要小心谨慎才是。”

学生说：“谢老师教诲，我已有充分准备，想来不会有什么麻烦。”

老师问：“哦？你打算怎么做？”

学生答：“如今谁不喜欢听奉承话呢，我备了一百顶高帽，只要见人就送，必定左右逢源，官运亨通。”

老师听了这话很生气，说：“我跟你说了多少次了，为官也罢，做人也罢，都要刚正不阿，你这么做实在太让我失望了！”

学生说：“老师不要生气。我这么做也是出于无奈，当今世上，有几个人像老师一样高洁，不喜欢被人戴高帽呢？”

老师听了暗喜，点头道：“这倒是实情。”

辞别老师后，京官跟身边的朋友说：“一百顶高帽已经送出去一顶了，现在还剩下九十九顶。”

虽然是个笑话，但却说明了一个问题：谁都喜欢听赞美的话，就连那位教育学生〝为人要正直〞的老师也不能免俗。

有的人不愿意说赞美的话，觉得那样做有拍马屁之嫌。其实，赞美和拍马屁有着本质上的不同。赞美是在抬高对方的前提下，不伤害自己的自尊，而拍马屁通常是在不自尊、不自爱的前提下发生的。赞美是发自内心地肯定对方的优点，而拍马屁是为了不可告人的目的，进行虚伪的吹捧。

在《人性的弱点》一书中，卡耐基讲了这样一段亲身经历：一天，卡耐基去邮局寄挂号信，在他等待的时候，发现办事员看起来很不耐烦，于是，他决定试着赞美对方，希望他转变态度。轮到为他称信件重量时，卡耐基真诚地说："真羡慕您的头发，要是我能有您这样的头发该多好！"

听了卡耐基的赞美，办事员的脸上立即露出了微笑，紧接着，他整个人的态度完全不同了。此后，只要卡耐基在邮局见到那个办事员，就能得到对方热情周到的服务。

遇到这种情况时，有的人可能会直接指责办事员的服务态度差，还有的人可能会找他的上级投诉，很少有人能像卡耐基一样，用一句赞美的话解决麻烦。仔细想想，说一句赞美的话，不但赢得了对方的好感，还会得到长期的热情服务，还有比这更划算的办法吗？

人人都渴望获得尊重，只不过每个人的追求不同，有的人喜欢权势地位，有的人喜欢名声威望，有的人喜欢财富。如果你的赞美正好落在对方追求的那个"点"上，一定会令对方获得极大的满足。有心理学家说过："每个人都有渴求别人赞扬的心理期望，人在被认定其价值时，总是喜不自胜。"

我们不妨将赞美视为一种投资，这种投资只需要略微思考一会儿，就能获得丰厚的回报。虽然这样想有些功利，但很多时候，赞美他人确实能给你带来意外之喜。

有一天，曾国藩和几名幕僚坐在一起，评点当朝的英雄人物。曾国藩说："李鸿章和彭玉麟胸中有雄才大略，我比不上他们。

我这个人从不阿谀奉承，这或许是我唯一值得夸耀的地方了。”一名幕僚站起来说道：“我认为他们二人各有长处。李公为人精明，谁也欺瞒不了他，而彭公威严，谁也不敢欺侮他。”曾国藩又问：“那么，你们觉得我是什么样的人呢？”

听到这话，在座的每个人都低下头去，苦苦思索。这时，忽然有一个负责抄录的年轻人站起来说道：“曾师德行出众，仁爱有加，谁忍心欺侮您呢？”这话令在场的所有人都交口称赞。曾国藩更是笑逐颜开，连连说：“谬赞，谬赞，这话我可当不起……”

那个年轻人起身告退后，曾国藩低声问：“这个人是什么来历啊？”有一名幕僚回道：“他是扬州人，家中贫困，以前当过秀才，做起事来还算认真谨慎。”曾国藩说：“这个年轻人是不可多得的人才，可堪大用。”没过多久，曾国藩升迁，就任两江总督之后，果然起用了那个年轻人，委任他为扬州盐运使。

赞美他人不是阿谀奉承，而是一种尊重、期望和信赖，它能令对方产生好感，改善人际关系，于人有利，对自己又没有害处，何乐而不为呢？

图书在版编目（CIP）数据

别让不好意思害了你 / 断舍离著. -- 石家庄 : 花山文艺出版社, 2018.3
ISBN 978-7-5511-3779-9
Ⅰ. ①别… Ⅱ. ①断… Ⅲ. ①随笔—作品集—中国—当代 Ⅳ. ①I267.1
中国版本图书馆 CIP 数据核字 (2017) 第 323226 号

书　　名：别让不好意思害了你
著　　者：断舍离

责任编辑：梁东方　韩　松
责任校对：温学蕾
美术编辑：胡彤亮
出版发行：花山文艺出版社（邮政编码：050061）
（河北省石家庄市友谊北大街 330 号）
销售热线：0311-88643221/29/31/32/26
传　　真：0311-88643225
印　　刷：三河市春园印刷有限公司
经　　销：新华书店
开　　本：620×889　1/32
印　　张：15
字　　数：190 千字
版　　次：2018 年 6 月第 1 版
2018 年 6 月第 1 次印刷
书　　号：ISBN 978-7-5511-3779-9
定　　价：46.00 元

（版权所有　翻印必究·印装有误　负责调换）